Roy Strandberg
Dustin Ray
Debendra Das

Nanofluidos em permutadores de calor

Roy Strandberg
Dustin Ray
Debendra Das

Nanofluidos em permutadores de calor

Investigação experimental e computacional

ScienciaScripts

Imprint
Any brand names and product names mentioned in this book are subject to trademark, brand or patent protection and are trademarks or registered trademarks of their respective holders. The use of brand names, product names, common names, trade names, product descriptions etc. even without a particular marking in this work is in no way to be construed to mean that such names may be regarded as unrestricted in respect of trademark and brand protection legislation and could thus be used by anyone.

Cover image: www.ingimage.com

This book is a translation from the original published under ISBN 978-620-7-84139-4.

Publisher:
Sciencia Scripts
is a trademark of
Dodo Books Indian Ocean Ltd. and OmniScriptum S.R.L publishing group

120 High Road, East Finchley, London, N2 9ED, United Kingdom
Str. Armeneasca 28/1, office 1, Chisinau MD-2012, Republic of Moldova, Europe
Printed at: see last page
ISBN: 978-620-8-12116-7

Nanofluidos em permutadores de calor

Investigação experimental e computacional

Por

Roy Strandberg

Dustin Ray

Debendra Das

SOBRE OS AUTORES

Roy Strandberg obteve o seu bacharelato em Engenharia Mecânica na Universidade de Washington. Obteve o mestrado e o doutoramento em engenharia mecânica na Universidade do Alasca, em Fairbanks. O Sr. Strandberg exerce a profissão de engenheiro há 28 anos.

Dustin Ray é um instrutor de Engenharia Mecânica na Universidade do Alasca Fairbanks. Ele recebeu seu diploma de bacharel, mestrado (2013) e doutorado (2021) pela University of Alaska Fairbank, EUA, todos em engenharia mecânica. Suas áreas de especialização são nanofluidos, fluxos de calor e fluidos, engenharia aeroespacial e impressão 3D.

 **Debendra Das** é Professor Emérito de Engenharia Mecânica na Universidade do Alasca Fairbanks, EUA. Obteve o bacharelato no NIT Rourkela, Índia, o mestrado na Brown University e o doutoramento na University of Rhode Island, EUA, todos em engenharia mecânica. As suas áreas de especialização são a mecânica dos fluidos, nanofluidos, transferência de calor e termodinâmica.

ÍNDICE

Índice de conteúdos 3

Prefácio 6

Agradecimentos 11

Capítulo 1: Introdução 12

    1.1   Introdução aos Nanofluidos 12

    1.2   Propriedades termofísicas e reológicas dos nanofluidos 15

    1.3   Produção de nanofluidos 17

    1.4   Aplicações de engenharia de nanofluidos 22

        1.4.1   Lubrificantes industriais 22

        1.4.2   Cuidados de saúde 23

        1.4.3   Sistemas solares térmicos 24

        1.4.4   Permutadores de calor de microcanais 26

        1.4.5   Radiadores para automóveis 28

        1.4.6   Outras aplicações de transferência de calor 32

    1.5   Resumo da investigação atual 34

    1.6   Referências 36

Capítulo 2: Investigação Experimental do Desempenho de Serpentinas de Ar Hidrónico com Nanofluidos 42

    2.1   Introdução 43

    2.2   Análise 52

    2.3   Propriedades termofísicas do fluido de transferência de calor 53

    2.4   Resultados 66

        2.4.1   Análise da incerteza dos dados experimentais 66

        2.4.2   Testes de base 69

    2.5   Teste de desempenho de nanofluidos 78

    2.6   Conclusões 90

    2.7   Nomenclatura 92

2.8   Referências: 93

Capítulo 3: Avaliação do desempenho de resfriamento em microcanais de nanofluidos de Al O_{23} , SiO_2 e CuO usando CFD 96

3.1   Introdução 97

3.2   Teoria 104

3.3   Parâmetros de fluxo de fluido 109

3.4   Resistência térmica 114

3.5   Perda de pressão por fricção 114

3.6   Modelo de volume finito 115

3.7   Estudo de independência da rede 118

3.8   Validação do modelo 122

3.9   Resultados 123

3.9.1   Número de Reynolds variável 123

3.9.2   Velocidade de entrada constante 137

3.9.3   Temperatura de entrada variável 138

3.10   Conclusões 141

3.11   Nomenclatura 144

3.12   Referências 145

Capítulo 4: Caracterização experimental do desempenho de serpentinas de ar hidrónico com nanofluidos de óxido de alumínio 148

4.1   Introdução 149

4.1.1   Preparação da dispersão de nanofluidos 161

4.2   Análise 163

4.2.1   Propriedades termofísicas do fluido de transferência de calor   164

4.2.2   Parâmetros de transferência de calor do fluido: 171

4.2.3   Resistência térmica global: 174

4.2.4   Taxa de transferência de calor: 175

4.2.5   Potência de bombagem 176

4.2.6   Propriedades do ar húmido: 176

4.2.7   Considerações sobre a exergia 177

4.3   Resultados 180

4.3.1   Análise da incerteza dos dados experimentais 180

4.3.2   Testes de base 182

4.3.3   Teste de desempenho de nanofluidos 189

4.4   Conclusões 204

4.5   Referências 208

Capítulo 5: Conclusões 211

PREFÁCIO

Este livro apresenta cinco capítulos que abrangem a investigação experimental e computacional sobre a transferência de calor e o desempenho fluidodinâmico de vários nanofluidos em permutadores de calor em aplicações de aquecimento e arrefecimento. A aplicação de aquecimento envolve permutadores de serpentinas de aquecimento de ar utilizados amplamente em climas frios para aquecer o ar de edifícios. A aplicação de arrefecimento descreve estudos computacionais num permutador de calor de microcanais para arrefecer equipamento eletrónico e chips.

O Capítulo 1 dá ao leitor uma introdução aos nanofluidos comuns, que estão a ser explorados rapidamente.

O Capítulo 2 descreve experiências para caraterizar e comparar o desempenho de um nanofluido de Al2O3/60% etilenoglicol (60% EG) com 1% de concentração volumétrica de nanopartículas com o seu fluido de base. Nesta experiência, o nanofluido era constituído por nanopartículas de Al2O3 com 1% de concentração volumétrica numa solução de 60% de etilenoglicol/40% de água (60% EG em massa) em relação à solução de 60% EG num permutador de calor líquido-ar amplamente utilizado em edifícios. O banco de ensaio utilizado na experiência foi concebido e construído para simular um pequeno sistema de tratamento de ar típico de aplicações de aquecimento, ventilação e ar condicionado (HVAC). Esta configuração deve ser um guia valioso para futuros investigadores que planeiem testar nanofluidos. Este capítulo também contém correlações empíricas valiosas e bem estabelecidas para as propriedades termofísicas, por exemplo, viscosidade, condutividade térmica, calor específico e densidade dos nanofluidos. Estas propriedades são necessárias para determinar os valores de vários parâmetros fundamentais sem dimensão na transferência de calor e dinâmica de fluidos (por exemplo, número de Nusselt, número de Reynolds e número de Prandtl). Os resultados dos testes foram analisados cuidadosamente após as experiências neste capítulo, o que lança luz sobre o melhor desempenho dos nanofluidos. Os resultados estabelecem que o nanofluido de 1% de Al2O3 gera uma taxa de calor marginalmente mais elevada do que o EG de 60% em determinadas condições. Em Re=3.000, o nanofluido produziu uma taxa de calor que foi 2% superior à do EG 60%. O número de Nusselt determinado empiricamente associado à convecção no interior da tubagem da bobina segue bastante bem o comportamento previsto pela correlação de Dittus-Boelter (R^2 =0,97), enquanto o número de Nusselt determinado empiricamente para o 60% EG segue igualmente bem a correlação de

Petukhov (R^2 =0,97). A perda de pressão e a potência hidráulica para o nanofluido são mais elevadas do que para o fluido de base na gama de condições testadas. A exergia destruída nos processos de troca de calor e de fluxo de fluido é entre 8 e 13% superior para o nanofluido na gama de números de Reynolds testada.

O Capítulo 3 descreve a parte computacional da investigação. É examinado o desempenho de um dissipador de calor de microcanais (MCHS), semelhante aos utilizados para arrefecer microprocessadores cheios com vários nanofluidos e o fluido de base correspondente sem nanopartículas. O MCHS é modelado utilizando um modelo tridimensional de volume finito de transferência de calor conjugado e dinâmica de fluidos numa série de condições. O modelo incorpora um fluxo de calor fixo de 1.000.000 W/m2 na base do domínio sólido. As propriedades termofísicas dos fluidos são baseadas em correlações obtidas empiricamente e variam com a temperatura. Os nanofluidos considerados incluem soluções de 60% de etilenoglicol/40% de água com nanopartículas de CuO, SiO_2 e $Al\,O_{23}$ dispersas em concentrações volumétricas que variam de 1 a 3%. As condições de fluxo analisadas estão na faixa laminar ($50 \leq Re \leq 300$) e consideram várias temperaturas de entrada. As análises preveem que, quando comparado com um número de Reynolds igual, o nanofluido 60%EG/3% CuO apresenta o maior coeficiente de transferência de calor e a maior redução na temperatura média de base. Com um número de Reynolds de 300 e uma temperatura de entrada de 308K, prevê-se que o nanofluido tenha um coeficiente médio de transferência de calor 30% superior ao do fluido de base, enquanto a temperatura média na base do permutador de calor é 1K inferior à do fluido de base. Em contrapartida, a pressão de entrada necessária para estas condições de entrada é 192% superior à do fluido de base, enquanto a potência hidráulica necessária para acionar o fluxo é 366% superior à do fluido de base. O potencial de desempenho de transferência de calor melhorado dos nanofluidos é obtido à custa de um consumo de energia de bombagem geralmente mais elevado.

O objetivo do Capítulo 4 foi caraterizar experimentalmente e comparar o desempenho de um nanofluido constituído por nanopartículas de Al2O3 com concentrações volumétricas de 1, 2 e 3% numa solução de EG a 60% com o de EG a 60% num permutador de calor líquido-ar. Nesta experiência, o sistema de aquecimento foi operado num regime de temperatura mais elevado do que na primeira experiência descrita no capítulo dois. Tal como na primeira experiência, o banco de ensaio utilizado na experiência simulou um pequeno sistema de tratamento de ar típico do utilizado em aplicações AVAC. As condições de entrada do ar e do líquido foram selecionadas para simular as condições de funcionamento típicas dos sistemas comerciais de tratamento de ar em regiões subárcticas (como o Alasca). Na experiência, os nanofluidos geralmente não tiveram o desempenho esperado com base em trabalhos analíticos anteriores. O desempenho do nanofluido a 1% foi geralmente igual ao do fluido de base, considerando condições de entrada idênticas. No entanto, o desempenho dos nanofluidos a 2% e 3% foi consideravelmente pior do que o do fluido de base. Os nanofluidos de concentração mais elevada apresentaram taxas de calor até 14,6% inferiores às do 60%EG e um coeficiente de transferência de calor até 44,3% inferior. O 1% Al2O3/60% EG apresentou uma queda de pressão 100% maior através da bobina do que o fluido de base, considerando a mesma saída de calor.

O capítulo 5 resume as conclusões retiradas desta investigação. A mais importante é a incapacidade de manter a dispersão estável das nanopartículas no líquido. É necessária uma investigação orientada para o desenvolvimento de tensioactivos e dispersantes robustos que proporcionem uma vida longa às caraterísticas de dispersão estável dos nanofluidos. Caso contrário, a aglomeração de nanopartículas que provoca a degradação das propriedades termofísicas dos nanofluidos anula as vantagens dos nanofluidos, que foram comprovadas por estudos teóricos.

<u>AGRADECIMENTOS</u>

Os autores agradecem a ajuda de muitos que os ajudaram a prosseguir a investigação sobre nanofluidos. Acima de tudo, o primeiro autor, em cuja dissertação este livro se baseia, expressa a sua eterna gratidão à sua mulher, Stephanie Strandberg, que o encorajou continuamente enquanto ele prosseguia este trabalho. Os nossos agradecimentos vão também para o terceiro autor, Dr. Debendra K. Das, que, na qualidade de Conselheiro Académico, forneceu a inspiração original para esta investigação, persuadindo o primeiro autor a entrar neste empreendimento e fornecendo um apoio valioso ao longo do caminho. O primeiro autor também expressa o seu apreço ao seu colega Dr. Dustin Ray pelos seus esforços de colaboração e contribuições técnicas em vários momentos desta investigação. Além disso, o Dr. Strandberg agradece aos membros do seu Comité Consultivo de Doutoramento na Universidade do Alasca Fairbanks, incluindo o Dr. Ron Johnson, o Dr. Douglas Goering e o Dr. Rorik Peterson, pelos seus conselhos e orientação até à conclusão da dissertação. A Utility Services of Alaska, entidade patronal do Dr. Strandberg, acomodou pacientemente a sua necessidade de frequentar as aulas e dividiu a atenção durante este projeto, pelo que lhe estamos gratos. Por último, os meus agradecimentos à Dra. Jennifer Reynolds por ter actuado como examinadora externa deste trabalho de investigação.

CHAPTER 1: <u>INTRODUÇÃO</u>

1.1 Introdução aos Nanofluidos

Os nanofluidos são uma classe de fluidos que foram impregnados com nanopartículas com o objetivo de melhorar certas propriedades. As nanopartículas são partículas sólidas fabricadas com uma dimensão máxima caraterística da ordem dos 100 nm. As partículas são normalmente suspensas numa solução coloidal e, devido à sua pequena dimensão, a dispersão e as propriedades das nanopartículas permanecem mais estáveis do que as que contêm partículas maiores. Tipicamente, as propriedades do material a partir do qual as nanopartículas são derivadas têm uma condutividade térmica muito superior à do fluido de base. A Tabela 1 ilustra as condutividades térmicas de uma variedade de diferentes sólidos que são referenciados na literatura como sendo utilizados na investigação relacionada com nanofluidos, juntamente com as condutividades térmicas de alguns fluidos de trabalho comummente utilizados em aplicações de engenharia. Para referência, a tabela também inclui as capacidades térmicas específicas desses materiais. A capacidade térmica específica dos aditivos também tem impacto na capacidade térmica específica efectiva de qualquer fluido em que estejam dispersos, afectando assim o desempenho de transferência de calor dos fluidos resultantes.

Tabela 1.1: Condutividades térmicas e calores específicos de várias nanopartículas e potenciais líquidos de transporte a 300K.

Partícula sólida	Condutividade térmica (W/m-K)	Capacidade térmica específica (J/kg-K)	Líquido	Condutividade térmica (W/m-K)	Capacidade térmica específica (J/kg-K)
Óxido de cobre (CuO)	17.6	385	Água	0.6	4,186
Cobre	400	531	60% EG	0.4	3,300
Óxido de alumínio (Al_2O_3)	36.0	451	Álcool metílico	0.2	2,530
Dióxido de silício (SiO_2)	1.3	703	Óleo mineral	0.11	1,670
Prata (Ag)	429.0	240			
Ouro (Au)	318.0	129			
Óxido de titânio (TiO_2)	4.8	683			
Óxido de zinco (ZnO)	13.0	495			
Nanotubos de carbono de parede simples (SWCNT)	>3,000	500-750			

O primeiro trabalho que descreve a aplicação de nanopartículas como um aditivo para melhorar o desempenho de fluidos de transferência de calor convencionais aparece na literatura em 1995, num artigo de Choi [1]. Nos anos que se seguiram, vários investigadores trabalharam para melhor compreender e caraterizar a química, as propriedades termofísicas e reológicas, bem como o comportamento nos processos de transferência de calor e de dinâmica de fluidos de vários nanofluidos, bem como as suas aplicações em diversas aplicações na indústria e na ciência. Com base na literatura, os nanofluidos estão a ser estudados para aplicações em várias áreas diferentes, incluindo gestão térmica, medicina, lubrificantes, filmes industriais e revestimentos. Este é um campo que continua a desenvolver-se com muitas áreas de investigação ativa.

O tamanho das nanopartículas torna as forças de inércia que conduzem à sedimentação menos eficazes do que em fluidos com micropartículas maiores em suspensão. O comportamento de sedimentação da partícula em suspensão difusa de partículas num líquido é regido pela lei de Stokes. A lei pode ser enunciada desta forma para calcular a velocidade de sedimentação de uma partícula:

$$u = \frac{D^2 g}{18\mu}\Delta\rho \qquad (1)$$

Onde D é o diâmetro da partícula, g é a constante gravitacional, μ é a viscosidade do fluido, $\Delta\rho$ é a diferença de densidade entre a partícula sólida e o líquido circundante. Esta equação prevê a velocidade de sedimentação laminar da partícula

1.2 Propriedades termofísicas e reológicas dos nanofluidos

O potencial de criação de nanofluidos com propriedades úteis numa variedade de aplicações através da combinação de uma seleção diversificada de materiais, líquidos e sólidos, levou ao desenvolvimento de um corpo de investigação em constante crescimento sobre as propriedades termofísicas e reológicas de nanofluidos de todos os tipos.

De um modo geral, as propriedades termofísicas e reológicas dos nanofluidos podem ser caracterizadas como tendo uma condutividade térmica mais elevada do que o seu fluido de base (devido à maior condutividade térmica dos materiais de base nanoparticulados que estão dispersos na matriz líquida), maior viscosidade, menor capacidade térmica específica e maior densidade do que o fluido de base. No entanto, as propriedades de um nanofluido individual podem desviar-se deste padrão, dependendo das propriedades das partículas dispersas no fluido de base. Outras propriedades que são importantes para determinar as propriedades dos nanofluidos incluem o tamanho das nanopartículas, a concentração de nanopartículas, o pH e a temperatura do fluido.

A literatura também inclui uma série de estudos experimentais que documentam as propriedades de nanofluidos de diferentes composições. Vajjha e Das [2] realizaram uma série de experiências com nanofluidos compostos por 60% de EG (em massa) e três nanopartículas, incluindo óxido de zinco, óxido de alumínio e dióxido de silício, com diâmetros de

77 nm, 44 nm e 20 nm, respetivamente, e em concentrações volumétricas até 10%. O objetivo das experiências era caraterizar as suas propriedades termofísicas, incluindo o calor específico, desenvolvendo simultaneamente algumas correlações que fossem úteis numa gama relativamente ampla de condições. Vajjha e Das [3] realizaram outra série de experiências com nanofluidos feitos com 60% de EG e nanopartículas de óxido de alumínio (partículas de 53 nm), óxido de cobre (partículas de 29 e 77 nm em duas soluções separadas) e óxido de zinco (partículas de 29 nm). Os autores do estudo mediram a condutividade térmica dos nanofluidos em concentrações até 10% por volume (v/v). Sahoo, et al. [4] realizaram uma série de experiências com nanofluidos feitos de 60% de EG e nanopartículas de dióxido de silício de 20 nm. O objetivo deste estudo era caraterizar a condutividade térmica do nanofluido numa gama de concentrações volumétricas de partículas até 10% e desenvolver uma correlação para utilização geral numa gama de temperaturas. Sahoo, et al [5] realizaram outra série de experiências com um nanofluido composto por 60% de EG com nanopartículas de óxido de alumínio (com tamanho médio de partículas de 53 nm) em concentrações até 10% v/v. No estudo, as propriedades reológicas dos nanofluidos foram testadas numa gama de temperaturas. Os autores desenvolveram uma série de correlações gerais para prever com exatidão a viscosidade dos nanofluidos numa vasta gama de temperaturas. Vajjha, et al. [6]

efectuaram um estudo experimental da viscosidade de nanofluidos à base de propilenoglicol a 60% com uma vasta gama de nanopartículas, incluindo nanopartículas de óxido de alumínio, óxido de cobre, dióxido de silício, dióxido de titânio e óxido de zinco, bem como nanofluidos com propilenoglicol e nanotubos de carbono de parede simples. Estes estudos foram efectuados para uma gama de concentrações de partículas e de temperaturas. Com base nas experiências efectuadas, os autores desenvolveram uma nova correlação para prever com precisão a viscosidade dos nanofluidos testados à base de propilenoglicol.

1.3 Produção de nanofluidos

É geralmente aceite que o tamanho e a concentração das nanopartículas em suspensão podem afetar significativamente as propriedades termofísicas e reológicas do nanofluido [1,7]. A sedimentação e a aglomeração de nanopartículas em suspensão são indesejáveis em aplicações em que a consistência das propriedades ao longo do tempo é importante.

Os nanofluidos são produzidos há décadas para utilização em determinadas aplicações industriais e comerciais. Os ferrofluidos - suspensões coloidais que contêm partículas magnéticas extremamente pequenas em dispersão - são utilizados há já algum tempo em várias aplicações comerciais e industriais. Outros nanofluidos foram produzidos para utilização em tintas e acabamentos. Nas aplicações de convecção forçada, as aplicações de nanofluidos à escala comercial ou industrial são muito limitadas. Existe pelo menos um produto de arrefecimento líquido comercializado para aplicação em CPUs arrefecidas a líquido. Mais recentemente, a EcoForm, LLC (Knoxville, TN) começou a comercializar um nanofluido patenteado para sistemas de transferência de calor de aquecimento e arrefecimento de líquidos à escala comercial e industrial, denominado Hydromx. Os nanofluidos utilizados para aplicações de investigação têm sido geralmente formulados em laboratórios individuais, concebidos para satisfazer os objectivos do investigador. À medida que o campo de investigação dos nanofluidos se foi desenvolvendo, os investigadores concentraram-se em compreender os factores que influenciam as propriedades termofísicas e reológicas dos nanofluidos. Os nanofluidos têm pelo menos dois componentes, um componente sólido e um componente líquido. Podem ser classificados como suspensões coloidais, devido ao pequeno tamanho das partículas em suspensão (<100 nm, tipicamente) As próprias nanopartículas são produzidas através de vários processos diferentes. A produção das dispersões de nanofluidos é normalmente efectuada através da utilização de um processo de uma ou duas etapas. No processo de uma etapa, as nanopartículas são produzidas num reator no qual as nanopartículas se condensam diretamente no fluido de base à medida que uma fase sólida é vaporizada. Num processo de dois passos, as nanopartículas são geradas num processo separado, sendo depois dispersas no fluido de base. As nanopartículas podem ser produzidas a partir de qualquer número de materiais, desde os omnipresentes (dióxido de silício, alumina), aos metais preciosos (ouro) e aos algo exóticos (nanotubos de carbono). As nanopartículas são fabricadas utilizando uma variedade de processos diferentes, desde mecânicos a químicos, condensação de vapor, síntese de plasma e outros. Existe uma grande variedade de nanopós de diferentes tamanhos e materiais, prontamente disponíveis para compra a retalho, na forma seca e hidratada. Para produzir um nanofluido para fins de investigação com uma concentração específica, em suspensão com um fluido de base específico, é necessário formular a mistura no laboratório. Para tornar um fluido útil para uma determinada experiência, o investigador deve processar os ingredientes de forma a que as nanopartículas fiquem uniformemente dispersas e com uma química adequada para manter a estabilidade da dispersão ao longo do tempo. Uma abordagem comum para garantir que as nanopartículas estão uniformemente dispersas e têm um tamanho relativamente uniforme é submeter a suspensão a sonicação durante um período de tempo. Este processo tem o efeito de desfazer aglomerados de nanopartículas pouco aderentes, através da emissão de ondas de energia através da solução e de todas as partículas dispersas. A redução da ocorrência de aglomeração é fundamental para minimizar o efeito da sedimentação sob a influência da gravidade, em que a Lei de Stokes prevê que a velocidade de sedimentação aumenta com o quadrado do diâmetro das partículas. A Figura 1.1 contém imagens de duas nanopartículas diferentes dispersas num líquido após sonicação, mostrando visualmente que as partículas são razoavelmente uniformes na sua dispersão. Uma vez que as partículas estejam uniformemente distribuídas, é importante manter condições no líquido a granel que minimizem a tendência das partículas para se reaglomerarem. As partículas em suspensão são muitas vezes naturalmente atraídas umas pelas outras por forças de Van Der Waals. Para manter a estabilidade da dispersão, então, as forças que conduzem a aglomeração devem ser controladas. Isto é feito através da otimização do potencial Zeta das partículas em suspensão. O potencial Zeta é o potencial elétrico na fronteira entre a camada interna e externa de moléculas líquidas ligadas às nanopartículas. De acordo com Khairul, et al. [8], as suspensões coloidais ideais devem ter potenciais Zeta que permaneçam fora do intervalo de -30 eV a 30mV, de modo a assegurar que as partículas individuais se repelem tipicamente umas às outras. Este valor pode ser determinado utilizando um dispositivo "DLS" (dynamic light scattering). Dois meios pelos quais o potencial Zeta entre partículas pode ser controlado numa solução coloidal incluem a modificação do pH ou a adição de surfactantes ao nanofluido. A Figura 1.2 mostra a relação entre o pH e o potencial Zeta num nanofluido de água-TiO2 [9]. O pH da

solução pode ser influenciado por uma série de factores diferentes, mas

pode ser controlado utilizando aditivos químicos. Os tensioactivos

utilizados na formulação de nanofluidos têm o efeito de modificar as

propriedades da superfície das nanopartículas e, dependendo da

composição do produto químico, podem aumentar ou diminuir o

potencial elétrico na camada exterior das nanopartículas numa dispersão.

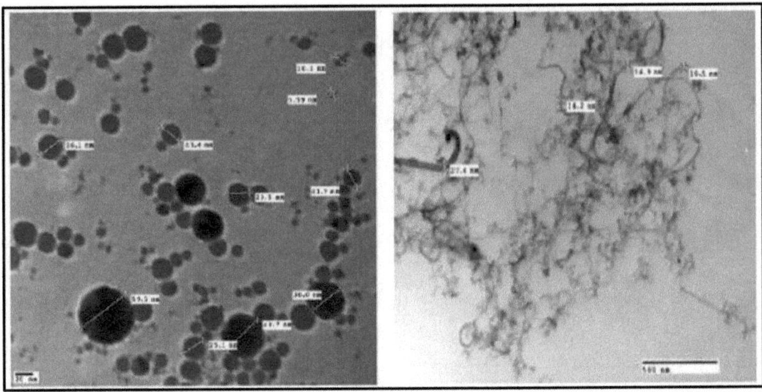

Figura 1.1. Imagens de microscópio eletrónico de transmissão (TEM)
de Al O$_{23}$ 20 nm de tamanho médio de partícula (APS) e nanopartículas
de nanotubos de carbono em suspensão após sonicação, retiradas de [6].

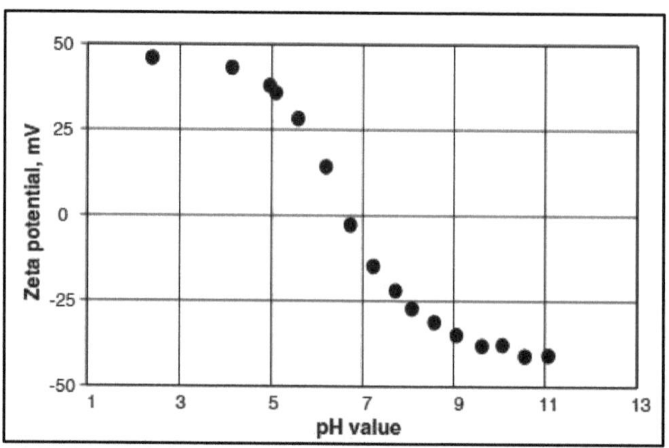

Figura 1.2. Potencial zeta em função do pH para 0,024% v/v de água-TiO$_2$ nanofluido [9]

1.4 Aplicações de engenharia de nanofluidos

1.4.1 Lubrificantes industriais

A utilização de nanofluidos em várias aplicações industriais também tem sido estudada e documentada na literatura. Uma aplicação potencial dos nanofluidos é como lubrificante industrial. Num estudo realizado por Kumar, et al. [10], foram testadas soluções aquosas de água melhoradas com Al O$_{23}$ - e TiO$_2$ - como fluido de corte numa operação de torneamento de metais. Os investigadores determinaram que os nanofluidos contribuíram para uma redução do desgaste da ferramenta. Sharma, et al. [11] estudaram uma mistura híbrida de grafeno e nanopartículas de alumina como aditivo num fluido de corte convencional. Da mesma forma, o seu trabalho parece sugerir que este aditivo foi eficaz na redução das temperaturas da ferramenta e, consequentemente, do desgaste da ferramenta. Najiha e Rahman [12] realizaram um estudo para caraterizar o desempenho de um nanofluido à base de água impregnado com partículas de TiO_2 como fluido de corte numa operação de fresagem. Verificaram que a operação de fresagem beneficiava de uma melhoria na integridade da aresta da ferramenta devido a uma redução da temperatura na zona de corte com o fluido de corte enriquecido com nanopartículas.

1.4.2 Cuidados de saúde

Devido às suas propriedades únicas, as nanopartículas e os nanofluidos também têm sido investigados para aplicação no domínio da medicina. Salloum, et al. [13] testaram nanopartículas magnéticas como parte de uma modalidade de tratamento que emprega um campo magnético para gerar calor e, consequentemente, temperaturas elevadas (hipertermia) num tumor, como parte de um estudo in vivo com animais. Os investigadores descobriram que as nanopartículas eram eficazes para facilitar o tratamento de hipertermia no modelo animal. Hainfield, et al. [14] testaram nanopartículas de ouro como parte de um novo tratamento para tumores cerebrais num modelo in vivo em roedores. As nanopartículas foram injetadas por via intravenosa e, devido ao seu tamanho e à elevada permeabilidade da barreira sanguínea do tumor em relação à do tecido saudável circundante, as nanopartículas concentraram-se num tumor cerebral. Isto permitiu uma qualidade de imagem muito melhor do tumor e aumentou a eficácia da radioterapia devido ao facto de a radiação ser absorvida muito mais facilmente por elementos de alta densidade. Neste estudo, o grupo de roedores tratado com injecções intravenosas de ouro e radioterapia teve uma vida significativamente mais longa após o tratamento do que os outros grupos que não receberam a injeção de nanopartículas.

1.4.3 Sistemas solares térmicos

Outra aplicação potencial dos nanofluidos é em vários tipos de sistemas solares térmicos como fluido de trabalho. A condutividade térmica superior dos nanofluidos tem sido investigada para determinar o impacto das propriedades térmicas superiores dos nanofluidos que podem melhorar o desempenho do elemento coletor. Menbari, et al.[15] investigaram numérica e experimentalmente o desempenho de nanofluidos CuO-água em colectores solares de absorção direta em concentrações volumétricas que variam entre 0,002% e 0,008%. Neste estudo, os autores mediram um aumento na eficiência térmica variando de 18% a 52% em relação ao fluido base. Menbari, et al. [16] realizaram outro estudo experimental utilizando nanofluidos em equipamento de recolha solar semelhante ao estudo anteriormente mencionado, desta vez estudando os efeitos na eficiência térmica da variação da concentração de nanopartículas de um nanofluido "binário" composto por água com $Al\,O_{23}$ e partículas de CuO em concentrações relativamente baixas. As partículas foram selecionadas pela sua irradiância e capacidade de dispersar a radiação incidente. A experiência revelou que o desempenho térmico do coletor solar aumentou com o aumento da concentração de nanopartículas. A eficiência térmica medida aumentou de 31,6% para 48,0% quando a concentração de nanofluido foi aumentada de 0,05% Al O_{23} /0,002% CuO para 0,2% Al O_{23} /0,008% CuO. He, et al. [17] efectuaram um estudo experimental utilizando nanofluidos compostos por água com nanopartículas de cobre em concentrações relativamente baixas (0,1 a 0,2 Wt %) com nanopartículas de 25 nm. Neste estudo, o ganho global de calor produzido pelo coletor solar térmico foi substancialmente aumentado em relação ao mesmo coletor utilizando água pura como fluido de trabalho. Sabiha, et al. [18] realizaram uma experiência em colectores de tubos solares evacuados com um nanofluido feito de água com nanotubos de carbono de parede simples em concentrações até 0,2% v/v. Os investigadores concluíram que o nanofluido aumentou substancialmente a eficiência térmica do coletor solar em comparação com a do coletor cheio de água pura. Foram alcançadas eficiências térmicas de até 93% pelos colectores solares preenchidos com nanofluido, em comparação com uma eficiência térmica máxima de 54% pelo coletor solar preenchido com água.

1.4.4 Trocadores de calor de microcanais

Outra área que tem sido investigada como uma potencial aplicação de nanofluidos é a dos permutadores de calor de microcanais. Estes dispositivos são normalmente utilizados para a extração de calor de substratos que experimentam fluxos de calor extremamente elevados e têm uma variedade de configurações diferentes. Embora os permutadores de calor de microcanais (MCHS) possam ser configurados numa variedade de configurações diferentes, os elementos básicos comuns são canais dispostos ao longo da face do dispositivo com uma densidade extremamente elevada e com uma perda de pressão específica muito elevada em relação aos permutadores de calor mais convencionais. Muitas vezes, os canais têm uma dimensão menor da ordem dos 100μm. A utilização de nanofluidos nesta aplicação tem o potencial de melhorar o desempenho térmico destes dispositivos de várias formas diferentes. Uma delas é o aumento da capacidade de arrefecimento final MCHS de uma determinada dimensão, outra pode ser a redução da temperatura de funcionamento da fonte de calor em determinadas condições, potencialmente prolongando a vida útil do dispositivo. Estes efeitos podem ainda traduzir-se numa maior densidade de potência para uma unidade operacional de uma determinada dimensão, ou tornar possível a redução do tamanho de uma determinada unidade operacional com um determinado requisito de potência.

Tsai e Chein [19] realizaram algumas das primeiras pesquisas documentadas para analisar o potencial dos nanofluidos para melhorar o desempenho dos trocadores de calor de microcanais. Neste estudo, os autores examinaram nanofluidos compostos por nanopartículas de cobre em água, bem como um nanofluido à base de água contendo nanotubos de carbono. Os autores concluíram que os nanofluidos tinham potencial para melhorar o desempenho do MCHS, mas com base nas propriedades termofísicas dos nanofluidos disponíveis, os nanofluidos melhoraram o desempenho da transferência de calor em comparação com o fluido de base num conjunto limitado de cenários geométricos e hidráulicos. Chein e Huang [20] realizaram um estudo em que micro-canais preenchidos com nanofluidos foram analisados utilizando correlações existentes para prever as propriedades termofísicas dos nanofluidos e o desempenho da transferência de calor, seguido de estudos empíricos numa tentativa de validar essas conclusões. Os autores verificaram que o nanofluido contendo nanopartículas de Cu em suspensão coloidal com concentrações volumétricas de 0,2 a 0,4% serviu para melhorar o desempenho térmico do permutador de calor de microcanais (medido pelo calor removido) em condições de fluxo relativamente baixo, embora o benefício dos nanofluidos tenha diminuído à medida que o caudal de líquido através do permutador de calor aumentou. Mais recentemente, Zargartalebi e Azaiez [21] efectuaram uma análise numérica de um permutador de calor de microcanais relativamente complexo com alhetas e um modelo de fluido de dois componentes para examinar os potenciais impactos de um nanofluido numa vasta gama de condições hidráulicas. Os autores concluíram que os nanofluidos podem contribuir para a melhoria do desempenho do MCHS, mas que as propriedades do nanofluido devem ser optimizadas para as condições de funcionamento previstas do permutador de calor para obter benefícios significativos. Anoop, et al. [22] efectuaram um estudo experimental do desempenho de arrefecimento de um permutador de calor de microcanais utilizando um nanofluido feito de nanopartículas de SiO_2 (20 nm de diâmetro médio) em água em concentrações até 1% em massa (wt %). Os investigadores descobriram que o desempenho térmico do permutador de calor com os nanofluidos excedia o do permutador com água em condições de fluxo relativamente baixo, mas à medida que as taxas de fluxo através do dispositivo aumentavam para além de um valor crítico, o desempenho da água excedia o dos nanofluidos. Os investigadores descobriram também indícios de aderências de nanopartículas ao substrato do permutador de calor de microcanais.

1.4.5 Radiadores para automóveis

Os radiadores automóveis, nos quais o líquido de arrefecimento líquido é bombeado através de um permutador de calor arrefecido a ar, são normalmente utilizados em todos os veículos rodoviários que utilizam motores de combustão interna, bem como em veículos eléctricos. Vários investigadores estudaram a utilidade dos nanofluidos nesta aplicação. Choi, et al. [23] está entre os primeiros a sugerir a aplicação potencial de nanofluidos na gestão térmica de veículos rodoviários.

Leong, et al. [24] efectuaram um estudo analítico de um radiador de automóvel, comparando o desempenho de um nanofluido constituído por etilenoglicol puro com 2 v/v% de nanopartículas de cobre com o do etilenoglicol puro. Concluíram que os nanofluidos produziram um aumento de 3,8% na melhoria da transferência de calor em determinadas condições. Além disso, previram uma redução de 18,7% na área frontal necessária para que o radiador atinja o mesmo desempenho térmico com o nanofluido em relação ao fluido de base. Ray e Das [25] efectuaram uma análise de radiadores de automóveis comparando o desempenho de nanofluidos compostos por 60% de EG com 1% v/v de CuO, Al O_{23} e SiO_2 nanopartículas com o desempenho utilizando o fluido de base 60% EG. As propriedades dos nanofluidos analisados foram determinadas empiricamente em estudos anteriores. No estudo, os autores determinaram que a potência de bombagem necessária para uma igual rejeição de calor num permutador de calor com as mesmas dimensões e condições de entrada iguais foi reduzida em 35,3% para o nanofluido 60% EG/ Al O_{23} , 33,1% para o nanofluido 60% EG/CuO e 26,2% para o nanofluido 60% EG/ SiO_2 em comparação com o fluido de base. Do mesmo modo, numa comparação em que a potência de bombagem e a taxa de rejeição de calor são mantidas constantes, verificaram que a área de transferência de calor necessária foi reduzida em 7,4% para o nanofluido 60%EG/Al O$_{23}$, 7,2% para o nanofluido 60% EG/CuO e 5,2% para o nanofluido 60%EG/ SiO$_2$ em comparação com o fluido de base.

Investigadores como Peyghambarzadeh, et al. [26] e [27] , A kash, et al. [28] e Kulkarni, et al. [29] efectuaram estudos experimentais para avaliar o desempenho dos nanofluidos em relação ao seu fluido de base em radiadores do tipo automóvel.

Peyghambarzadeh, et al. [26] estudaram nanopartículas de Al O$_{23}$ dispersas em soluções de água e etilenoglicol, com concentrações variáveis de ambas as nanopartículas (0,1 a 1 v/v%) e glicol (5-20 v/v%). Neste estudo, o nanofluido apresentou um aumento de até 40% no número de Nusselt em comparação com o fluido de base. Num estudo posterior, Peyghambarzadeh, et al. [27] efectuaram outro estudo experimental utilizando nanofluidos à base de água com nanopartículas de Fe2O3 e CuO em concentrações até 0,65 v/v%. O estudo investigou o desempenho dos nanofluidos em relação à água pura numa gama de caudais, temperaturas de entrada e concentrações variáveis de nanopartículas. Considerando as condições de ensaio mais ideais observadas, os autores concluíram que os nanofluidos melhoraram a taxa global de transferência de calor do radiador até 9% para o Fe2O3. Akash, et al. [28] efectuaram um estudo experimental para avaliar o desempenho de nanofluidos feitos de nanopartículas de grafite dispersas em água. Os autores verificaram que o nanofluido de grafite apresentou um desempenho superior ao do fluido de base quando comparado numa variedade de parâmetros. Os resultados dos testes indicaram que a superioridade do desempenho do nanofluido era maior em caudais de líquido mais baixos, com o desempenho do nanofluido e do fluido de base a convergir em caudais mais elevados. Kulkarni, et al. [29] testaram experimentalmente o desempenho de um nanofluido com 50% de EG composto por nanopartículas de Al O_{23} em várias concentrações até 6% em volume, num sistema fixo de arrefecimento de um gerador diesel ligado a uma central de cogeração de energia/calor à escala laboratorial, que partilha muitas caraterísticas comuns com os radiadores dos automóveis. Neste estudo, os autores utilizaram um gerador a gasóleo de 45 kW num aparelho à escala laboratorial para simular o funcionamento de uma central de cogeração de calor e energia. Os testes foram efectuados utilizando um nanofluido feito de 50% de EG (wt%), com concentrações variáveis de nanopartículas de Al O_{23} em concentrações até 6 v/v%. Os testes mediram o desempenho do fluido de base, bem como dos nanofluidos com concentrações de 2, 4 e 6 v/v% de nanopartículas. Os investigadores concluíram que tanto a eficiência da

31

cogeração como a do permutador de calor aumentavam à medida que a concentração de nanopartículas aumentava até 6%.

1.4.6 Outras aplicações de transferência de calor

Tem havido uma série de investigações que estudaram o desempenho de vários nanofluidos em permutadores de calor de diferentes tipos para estudar e compreender melhor o comportamento dos nanofluidos e caraterizar o desempenho de transferência de calor dos nanofluidos.

Duangthongsuk e Wongwises [30] realizaram experiências num aparelho permutador de calor de tubos concêntricos com um nanofluido à base de água com uma dispersão de 0,2 v/v% de nanopartículas de TiO2, numa gama de caudais e num regime de temperatura de 15-25°C, e numa gama de números de Reynolds que se estendeu até 18.000. Os dados empíricos recolhidos na experiência indicaram que o nanofluido apresentava um coeficiente de transferência de calor significativamente mais elevado do que a água. Os testes também indicaram que o nanofluido não apresentou nenhuma penalidade mensurável de potência de bombeamento em relação ao fluido de base, considerando taxas de fluxo volumétrico iguais.

Vários autores estudaram o impacto do desempenho dos nanofluidos em permutadores de calor de placas de várias configurações diferentes. Estes dispositivos são omnipresentes em todos os tipos de aplicações de transferência de calor, desde processos industriais a aquecimento doméstico. Ray, et al. [31] efectuaram um estudo experimental e analítico do desempenho de permutadores de calor de placas com nanofluidos. Na parte experimental do estudo, os investigadores examinaram o desempenho de um nanofluido composto por nanofluidos de 0,5 v/v% de Al O_{23} dispersos em 60% de EG num permutador de calor de placas soldadas. Na parte analítica do estudo, os autores examinaram o potencial dos nanofluidos criados utilizando nanopartículas de Al O_{23} , CuO e SiO_2 dispersas em 60% de EG. Os autores observaram um aumento de 11% no coeficiente de transferência de calor por convecção em comparação com o do EG a 60% para um número de Reynolds igual. A sua análise também previu que, em condições de igual taxa de calor, tanto as nanopartículas de 1 v/v% de Al O_{23} como as nanopartículas de CuO dispersas em 60% de EG reduzirão a potência de bombagem necessária para atingir uma determinada taxa de transferência de calor. Huang, et al. [32] efectuaram uma experiência utilizando um nanofluido compósito hibridizado com nanopartículas de Al O_{23} e nanotubos de carbono de paredes múltiplas dispersos em água. O desempenho do nanofluido híbrido foi testado num permutador de calor de placas soldadas. Observou-se que o coeficiente de transferência de calor do nanofluido híbrido era superior ao do nanofluido de componente único (apenas com Al O_{23}), apresentando também uma queda de pressão ligeiramente inferior medida através do permutador de calor a um caudal volumétrico constante.

1.5 Resumo da investigação atual

O trabalho aqui apresentado é uma compilação da investigação realizada principalmente pelo primeiro autor com a colaboração de dois co-autores para cumprir os requisitos do Doutoramento em Filosofia em Engenharia Mecânica na Universidade do Alasca Fairbanks. Os capítulos dois a quatro foram desenvolvidos como artigos de investigação autónomos e foram publicados em revistas com revisão por pares.

O segundo capítulo contém um relatório sobre um estudo experimental de um nanofluido com 1 wt% de Al O_{23} (45 nm) disperso numa solução de etilenoglicol a 60% v/v% num banco de ensaio concebido para simular o funcionamento de um sistema de tratamento de ar do tipo encontrado em edifícios ocupados de todos os tipos. As temperaturas de entrada foram limitadas a 327K, enquanto o número de Reynolds do líquido variou até 4.500. O banco de ensaio foi utilizado para caraterizar e comparar o desempenho da transferência de calor do nanofluido com o do fluido de base 60% EG, numa gama de condições de entrada. A experiência indicou que o nanofluido 1% Al O_{23} não apresentou um desempenho substancialmente melhor do que o do fluido de base nas condições do teste.

O capítulo três descreve o desenvolvimento de um modelo tridimensional de transferência de calor conjugado de volume finito de um permutador de calor de microcanais arrefecido a líquido. O modelo simulou a transferência de calor e o desempenho fluidodinâmico do permutador de calor com 60% de EG puro, bem como nanofluidos com nanopartículas de CuO, $Al\,O_{23}$ e SiO_2 dispersas em 60% de EG em concentrações até 3 v/v%. A transferência de calor e o desempenho fluidodinâmico foram analisados numa gama de caudais e temperaturas de entrada. O estudo prevê que os nanofluidos apresentem uniformemente caraterísticas de arrefecimento superiores às do fluido de base. Em condições óptimas, a temperatura média de base do permutador de calor foi reduzida em 2,4K em comparação com a do fluido de base.

O capítulo quatro apresenta em pormenor outro estudo experimental que compara o desempenho de nanofluidos de 60% EG/ $Al\,O_{23}$ com concentrações de 1, 2 e 3 v/v% com o do fluido de base numa serpentina de aquecimento de ar. O banco de ensaio é uma versão melhorada do aparelho utilizado no estudo documentado no capítulo dois. Os fluidos foram bombeados através de uma serpentina de aquecimento de ar com alhetas e testados numa gama de temperaturas de entrada e de caudais. As temperaturas de entrada variaram até 350K e os caudais volumétricos variaram entre 0,05 e 0,26 L/s (com números de Reynolds aproximados até aproximadamente 8.000). Os resultados dos ensaios parecem mostrar que o desempenho dos nanofluidos diminui efetivamente com o aumento da concentração de nanopartículas, ao contrário do que se esperava.

O capítulo 5 resume os principais resultados dos estudos e apresenta conclusões gerais.

1.6 Referências

[1]   Das, S. K., Choi, S.U.S., Yu, W., Pradeep, T., Nanofluids: Science and Technology. John Wiley and Sons, Hoboken, NJ, 2007.

[2]   Vajjha, R. S., Das, D. K. "Specific heat measurement of three nanofluids and development of new correlations." Journal of Heat Transfer 131, 1-7 (2009).

[3]   Vajjha, R. S., Das, D. K. "Determinação experimental da condutividade térmica de três nanofluidos e desenvolvimento de novas correlações". International Journal of Heat and Mass Transfer 52, 4675-4682 (2009).

[4]   Sahoo, B. C., Das, D. K., Vajjha, R. S., Satti, J. R., "Medição da condutividade térmica do nanofluido de dióxido de silício e desenvolvimento de correlações". Jornal de Nanotecnologia em Engenharia e Medicina, 3(4), 1-10(2012).

[5]   Sahoo, B. C., Vajjha, R. S., Ganguli, R., Chukwu, G. A., Das, D. K., "Determinação do comportamento reológico do nanofluido de óxido

de alumínio e desenvolvimento de novas correlações de viscosidade." Petroleum Science and Technology 27, 1757-1770 (2009).

[6] Vajjha, R. S., Das, D. K., Chukwu, G. A., "An experimental determination of the viscosity of propylene glycol/water based nanofluids and development of new correlations." Journal of Fluids Engineering, Transactions of the ASME 137, 1-15, (2015).

[7] Minkowycz, W. J., Sparrow, E. M., Abraham, J. P., Nanoparticle heat transfer and fluid flow. Capítulo 3, CRC Press, Taylor&Francis Group, Boca Raton, FL, 2016.

[8] Khairul, M. A., Shah, K., Doroodchi, E., Azizian, R., Moghtaderi, B., "Effects of surfactant on stability and thermo-physical properties of metal oxide nanofluids." Revista Internacional de Transferência de Calor e Massa 98, 778-787 (2016).

9] Wen, D., Ding, Y., "Formulation of nanofluids for natural convective heat transfer applications" [Formulação de nanofluidos para aplicações de transferência de calor por convecção natural]. International Journal of Heat and Fluid Flow. 26, 855-864 (2005).

[10] Kumar, R., Sahoo, A. K., Mishra, P. C., Das, R. K., "Influence of Al O_{23} and TiO2 nanofluid on hard turning performance." International Journal of Advanced Manufacturing Technology, 106(5-6), 2265-2280 (2020).

[11]   Sharma, A. K., Tiwari, A. K., Dixit, A. R., Singh, R. K, Singh, M., "Novas utilizações de aditivos de nanopartículas híbridas de alumina/grafeno para melhorar as propriedades tribológicas do lubrificante em operações de torneamento." Tribology International 119, 99-111 (2018).

[12]   Najiha, M. S., Rahman, M. M., "Experimental investigation of flank wear in end milling of aluminum alloy with water-based TiO2 nanofluid lubricant in minimum quantity lubrication technique." Jornal Internacional de Tecnologia Avançada de Fabricação. 86, 2527-2537 (2016).

[13]   Salloum, M., Ma, R., Zhu, L., "An in-vivo experimental study of temperature elevations in animal tissue during magnetic nanoparticle hyperthermia." International Journal of Hyperthermia 24, 589-601 (2008).

[14]   Hainfeld, J. F., Smilowitz, H. M., O'connor, M. J., Dilmanian, F. A., Slatkin, D. N., "Imagens de nanopartículas de ouro e radioterapia de tumores cerebrais em ratos". Nanomedicina 8, 1601-1609 (2013).

[15]   Menbari, A., Alemrajabi, A. A., Rezaei, A., "Investigação experimental do desempenho térmico do coletor solar de absorção direta em calha parabólica (DASPTC) com base em nanofluidos binários". Experimental Thermal and Fluid Science 80, 218-227 (2017).

[16] Menbari, A., Alemrajabi, A. A., Ghayeb, Y., "Investigação experimental da estabilidade e do coeficiente de extinção de nanopartículas binárias de Al O_{23} -CuO dispersas em mistura de etilenoglicol-água para colectores solares de absorção direta a baixa temperatura". Energy Conversion and Management 108, 501-510 (2016).

[17] He, Q., Zeng, S., Wang, S., "Experimental investigation on the efficiency of flat-plate solar collectors with nanofluids." Applied Thermal Engineering 88, 165-171 (2014).

[18] Sabiha, M. A., Saidur, R., Hassani, S, Said, Z., Mekhilef, S., "Energy performance of an evacuated tube solar collector using single walled carbon nanotubes nanofluids." Conversão e Gestão de Energia. 105, 1377-1388 (2015).

[19] Tsai, T. H., Chein, R., "Performance analysis of nanofluid-cooled microchannel heat sinks." International Journal of Heat and Fluid Flow. 28, 1013-1026 (2007).

[20] Chein, R. Huang, G., "Analysis of microchannel heat sink performance using nanofluids," Appl. Therm. Eng., vol. 25, no. 17-18, pp. 3104-3114, 2005,.

[21] Zargartalebi, M., Azaiez, J., "Análise de transferência de calor do dissipador de calor de microcanais baseado em nanofluidos". Revista Internacional de Transferência de Calor e Massa 127, 1233-1242 (2018).

[22] Anoop, K., Sadr, R., Yu, J., Kang, S., Jeon, S., Banerjee, D., "Experimental Study of Forced Convective Heat Transfer of Nanofluids in a Microchannel." Comunicações Internacionais em Transferência de Calor e Massa 39(9), 1325-30(2012).

[23] Choi, S.U.S., Yu, W., Hull, J.R., Zhang, Z.G., Lockwood, F.E., "Nanofluids for Vehicle Thermal Management," SAE Technical Papers, No. 724, 2001.

[24] Leong, K. Y., Saidur, R., Kazi, S. N., Mamun, A. H., "Performance investigation of an automotive car radiator operated with nanofluid-based coolants (nanofluid as a coolant in a radiator)." Applied Thermal Engineering, 30(17-18), 2685-2692(2010).

[25] Ray, D. R., Das, D. K., "Superior performance of nanofluids in an automotive radiator." ASME Journal of Thermal Science and Engineering Applications 6, (2014).

[26] Peyghambarzadeh, S. M., Hashemabadi, S. H., Jamnani, M. S., Hoseini, S. M., "Melhorar o desempenho de arrefecimento do radiador do automóvel com Al O_{23} /nanofluido de água". Applied Thermal Engineering 31, 1833-1838 (2011).

[27] Peyghambarzadeh, S. M., Hashemabadi, S. H., Naraki, M., Vermahmoudi, Y., "Estudo experimental do coeficiente global de transferência de calor na aplicação de nanofluidos diluídos no radiador do carro." Applied Thermal Engineering 52, 8-16 (2013).

[28]   Akash, A. R., Pattamatta, A., Das, S. K., "Estudo experimental do desempenho termo-hidráulico do nanocolante de grafite à base de água/etilenoglicol em radiadores de veículos". Journal of Enhanced Heat Transfer 26, 345-363 (2019).

[29]   Kulkarni, D. P., Vajjha, R. S., Das, D. K., Oliva, D., "Application of aluminum oxide nanofluids in diesel electric generator as jacket water coolant." Applied Thermal Engineering 28, 1774-1781 (2008).

[30]   Duangthongsuk, W., Wongwises, S., "Aumento da transferência de calor e caraterísticas de queda de pressão do nanofluido TiO2-água num permutador de calor de contrafluxo de tubo duplo". Jornal Internacional de Transferência de Calor e Massa 52, 2059-2067 (2009).

[31]   Ray, D. R., Das, D. K., Vajjha, R. S., "Experimental and numerical investigations of nanofluids performance in a compact minichannel plate heat exchanger." International Journal of Heat and Mass Transfer, 71, 732-746 (2014).

[32]   Huang, D., Wu, Z., Sunden, B., "Effects of hybrid nanofluid mixture in plate heat exchangers" Experimental Thermal and Fluid Science 72, 190-196 (2016).

[33]   Minkowycz, W. J., Sparrow, E. M., Abraham, J. P., Nanoparticle heat transfer and fluid flow. Capítulo 3, CRC Press, Taylor&Francis Group, Boca Raton, FL, 2016.

CHAPTER 2: <u>INVESTIGAÇÃO EXPERIMENTAL DO DESEMPENHO DE SERPENTINAS DE AR HIDRÓNICO COM NANOFLUIDOS</u>[1]

Resumo: O objetivo deste estudo é caraterizar experimentalmente e comparar o desempenho de um nanofluido composto por nanopartículas de Al O_{23} com 1% de concentração volumétrica numa solução de 60% de etilenoglicol/40% de água (60% EG) com o de 60%EG num permutador de calor líquido-ar. O banco de ensaios utilizado na experiência foi construído para simular um pequeno sistema de tratamento de ar típico do utilizado em aplicações AVAC. Foram utilizadas correlações empíricas previamente estabelecidas para as propriedades termofísicas dos fluidos para determinar os valores de vários parâmetros (por exemplo, número de Nusselt, número de Reynolds e número de Prandtl). Os testes mostram que o nanofluido 1% Al O_{23} gera uma taxa de calor marginalmente mais elevada do que o 60% EG em determinadas condições. A Re=3.000, o nanofluido produziu uma taxa de calor que foi 2% superior à do EG 60%. O número de Nusselt determinado empiricamente associado à convecção na tubagem da bobina segue bastante bem o comportamento previsto pela correlação de

[1] Strandberg, Roy, e Debendra Das. "Investigação experimental do desempenho da bobina de ar hidrônico com nanofluidos". Revista Internacional de Transferência de Calor e Massa 124 (2018): 20-35. https://doi.org/10.1016/j.ijheatmasstransfer.2018.02.112.

Dittus-Boelter (R^2 =0,97), enquanto o número de Nusselt determinado empiricamente para o 60% EG segue igualmente bem a correlação de Petukhov (R^2 =0,97). A perda de pressão e a potência hidráulica para o nanofluido foram mais elevadas do que para o fluido de base na gama de condições testadas. A exergia destruída nos processos de troca de calor e de fluxo de fluido foi entre 8 e 13% superior para o nanofluido na gama de números de Reynolds testada.

2.1 Introdução

Os fluidos de transferência de calor que são melhorados com partículas extremamente pequenas (menos de 100 nm na sua dimensão caraterística, denominadas "nanopartículas") em dispersão, são frequentemente referidos como "nanofluidos". Em estudos realizados por vários autores, estes fluidos demonstraram ter uma condutividade térmica superior à prevista pelas correlações convencionais desenvolvidas para fluidos enriquecidos com partículas de dimensão micrométrica ([1] , [2], [3]) . Outros estudos centraram-se no desenvolvimento de correlações para prever o número de Nusselt de escoamentos internos turbulentos para nanofluidos ([4], [5]) . Estes estudos sugerem que os números de Nusselt dos nanofluidos são superiores aos do fluido de base em determinadas condições de escoamento (por exemplo, com números de Reynolds iguais) e que os coeficientes de transferência de calor por convecção em escoamentos internos turbulentos são correspondentemente superiores aos dos fluidos convencionais de transferência de calor. A dispersão das nanopartículas nos fluidos também resulta numa viscosidade mais elevada, dependendo do diâmetro médio das partículas, da concentração e da temperatura. Em determinadas condições de escoamento (para uma velocidade média constante do líquido, por exemplo), isto pode resultar em maiores perdas por bombagem e na redução do número de Reynolds a um determinado caudal, o que pode, por sua vez, diminuir efetivamente o número de Nusselt em comparação com os fluidos convencionais. Estes factores devem ser ponderados uns contra os outros na avaliação da adequação dos nanofluidos para utilização em quaisquer aplicações de transferência de calor.

Os permutadores de calor de líquido para ar com alhetas (ou "serpentinas") são normalmente utilizados para aquecer ou arrefecer o ar em aplicações de aquecimento, ventilação e ar condicionado (AVAC) em edifícios. Estas serpentinas de aquecimento/arrefecimento empregam tipicamente filas de alhetas metálicas (geralmente de alumínio) compactas que foram mecanicamente ligadas a tubos de cobre de paredes finas (ver Figura 2.1). O fluido de transferência de calor passa através da tubagem de cobre enquanto o ar passa sobre as alhetas compactadas, realizando a transferência de calor entre o líquido de transferência de calor e o ar exterior. O fluxo de líquido e de ar é feito num padrão de "fluxo cruzado". As grandes serpentinas de aquecimento são utilizadas em unidades centrais de tratamento de ar, enquanto as versões mais pequenas são utilizadas em aquecedores unitários e serpentinas montadas em condutas. A aplicação de nanofluidos em serpentinas de aquecimento pode resultar em vários benefícios potenciais, incluindo o aumento da capacidade de aquecimento para igual caudal de líquido e de ar. Estes impactos no desempenho, por sua vez, podem traduzir-se numa redução da área total de transferência de calor necessária, o que pode refletir-se numa menor densidade das alhetas e, por conseguinte, numa menor queda de pressão do lado do ar e na necessidade de energia da ventoinha. Propriedades superiores de transferência de calor podem também resultar num menor caudal de líquido para uma dada taxa de transferência de calor, resultando numa redução da energia de bombagem de líquido para uma dada taxa de transferência de calor.

Strandberg e Das [6] efectuaram anteriormente uma análise do desempenho de serpentinas de aquecimento hidrónico com nanofluidos e fluidos convencionais. Este estudo indicou que as serpentinas preenchidas com nanofluidos Al O_{23} /60:40 EG/água apresentam uma saída de aquecimento superior à das serpentinas preenchidas com fluido de base 60:40 EG/água. Uma das conclusões significativas do estudo foi que o maior benefício potencial dos nanofluidos em termos de redução da potência de bombagem para uma determinada potência de aquecimento ocorre em condições em que a serpentina funciona a uma capacidade inferior à projectada. Uma vez que os sistemas HVAC típicos passam a maior parte do seu tempo de funcionamento em "condições não projectadas", os nanofluidos podem ter o potencial de gerar reduções significativas no consumo de energia ao longo da vida de um sistema HVAC típico.

A literatura existente que relata o trabalho experimental relativo ao desempenho dos nanofluidos em convecção forçada na área do AVAC é bastante limitada. Pandey e Nem a [7] relataram o desempenho de um nanofluido Al O_{23} /água como refrigerante num permutador de calor de placas soldadas, e determinaram que o nanofluido a 2% apresentou o desempenho de transferência de calor mais elevado de todos os nanofluidos testados. Vajjha, et al. [4] testaram três nanofluidos diferentes com 60% de EG como fluido de base e desenvolveram uma série de correlações para o número de Nusselt e o fator de atrito em condições de escoamento turbulento e totalmente desenvolvido, e concluíram que os nanofluidos Al O_{23} eram superiores aos outros testados. Farajollahi, et al. [8] efectuaram um estudo experimental de nanofluidos à base de água com TiO2 e γ-Al O_{23} num banco de ensaio que utilizava um permutador de calor de casco e tubo em condições de escoamento turbulento. Ambos os tipos de nanofluidos apresentaram um desempenho de transferência de calor superior ao da água.

Peyghambarzadeh, et al. ([9] ,[10]) efectuaram vários estudos experimentais sobre o desempenho da transferência de calor de um radiador do tipo automóvel com nanofluidos Al O_{23} utilizando água e etilenoglicol e encontraram um desempenho de transferência de calor significativamente melhor do que o previsto utilizando correlações analíticas previamente estabelecidas.

Objetivo: O objetivo do estudo experimental é comparar o desempenho da serpentina de aquecimento com 1% de nanofluido Al O_{23} /60:40 EG/Água com o desempenho com 60:40 EG/Água. O nanofluido 1% Al O_{23} /60:40 EG/Água foi selecionado com base nas conclusões de Ray, et al. [11] de que uma concentração diluída de nanofluido tem um melhor desempenho do que concentrações mais elevadas, atingindo um equilíbrio entre o aumento da transferência de calor e a penalização da potência de bombagem. Também foi observado que o nanofluido de Al O_{23} teve um melhor desempenho do que os nanofluidos de CuO e SiO_2 [4] . As métricas de desempenho utilizadas para comparação incluem a taxa de calor com caudais de líquido variáveis, a queda de pressão do líquido e a potência de bombagem necessária para uma determinada taxa de troca de calor. Outro objetivo do estudo é gerar correlações do número de Nusselt para os nanofluidos testados e determinar se as correlações existentes disponíveis para líquidos puros são adequadas para nanofluidos de concentração diluída. A geração de entropia pelo fluido de base e pelo nanofluido foi comparada em condições semelhantes para avaliar o desempenho dos fluidos com base na exergia destruída no processo de transferência de calor.

Para atingir os objectivos deste estudo, foi construído um circuito de ensaio hidrónico instrumentado, composto por um permutador de calor de placas soldadas, uma bomba e um pequeno aparelho de tratamento de ar com uma serpentina hidrónica (ver Figura 2.4). O banco de ensaio está ligado à instalação de aquecimento hidrónico do Centro de Investigação de Habitações de Clima Frio (Fairbanks, AK). O sistema de aquecimento faz circular uma mistura de água/glicol através do lado primário do permutador de calor de placas. Esta mistura é utilizada para aquecer o lado secundário do circuito de teste (também um circuito pressurizado) através do mesmo permutador de calor de placas. O sistema é construído com tubos de cobre de 1,27 cm (½") de diâmetro interno. Uma bomba centrífuga em linha, do tipo rotor húmido (Grundfos 26-99F) (Downers Grove, IL) faz circular os fluidos através do circuito. O sistema é ligado a um pequeno aparelho de tratamento de ar composto por um ventilador centrífugo que aspira o ar através de condutas e outros acessórios, incluindo uma serpentina de aquecimento hidrónico e um tubo venturi ligado a secções intermédias de condutas rectangulares para medição do caudal de ar (ver Figura 2.2).

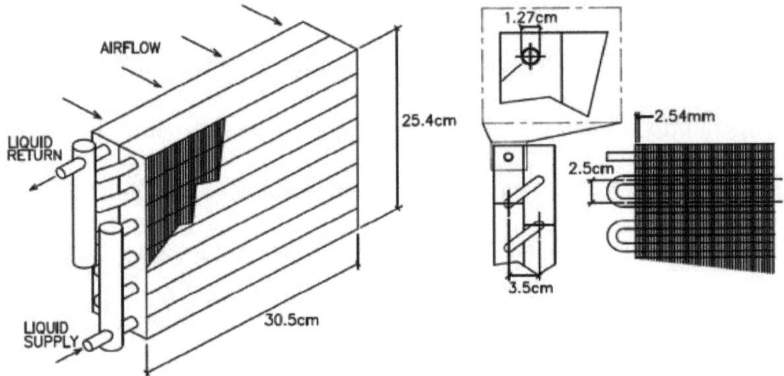

Figura 2.1. Configuração da bobina de aquecimento com alhetas

A Figura 2.1 ilustra a configuração da serpentina utilizada no aparelho

de ensaio. A serpentina de aquecimento hidrónico no aparelho tem 30,5

cm de largura por 25,4 cm de altura, com duas filas de tubos de cobre

com alhetas na corrente de ar; a serpentina foi fabricada pela Titus, Inc

(Plano, TX). A serpentina tem aletas planas de alumínio com 0,25 mm

(0,010 pol.) de espessura, fixadas mecanicamente a tubos de cobre com

12,7 mm de diâmetro externo e 0,4 mm de espessura de parede. A

densidade das aletas é de 3,9/cm (10/in). O passo transversal da tubagem

da bobina é de 2,5 cm e o passo longitudinal é de 3,5 cm.

O invólucro da serpentina foi isolado com 5-7,5 cm de isolamento de

fibra de vidro com revestimento de folha e as curvas expostas da tubagem

foram isoladas com espuma de EPDM. O isolamento foi aplicado para

isolar termicamente a secção de transferência de calor entre os pontos de

amostragem de temperatura. Termistores localizados em poços nas conexões de alimentação e retorno de líquido quente imediatamente a montante e a jusante da entrada e saída da serpentina medem as temperaturas de entrada e saída do líquido, respetivamente. Um sensor de pressão diferencial (transdutor do tipo strain gage) ligado através das conexões de alimentação e retorno mede a queda de pressão estática do líquido através da serpentina. Foi utilizado um medidor de caudal de turbina em linha para medir o caudal volumétrico do líquido. Quatro termistores dispostos na entrada e na saída da serpentina de aquecimento medem a temperatura do fluxo de ar na entrada e na saída da serpentina. Estes dispositivos foram fabricados pela Ebtron (modelo SP-1) (Loris, SC). Um tubo venturi calibrado na conduta, fabricado pela Lambda Square, Inc. (Babylon, NY) é utilizado para medir o caudal de ar volumétrico. O controlo da temperatura no circuito do líquido é efectuado através da utilização de uma válvula de controlo da temperatura motorizada. O atuador da válvula é controlado pelo programa LabView DAQ e de controlo, empregando a lógica de controlo PID (proporcional/integral/derivativo); este dispositivo é utilizado para fornecer o controlo do ponto de regulação da temperatura de entrada do glicol quente da serpentina. A programação do software foi efectuada pelo primeiro autor.

As fotografias do aparelho estão incluídas nas figuras 2.2 e 2.3 e um esquema do aparelho está representado na figura 2.4 .

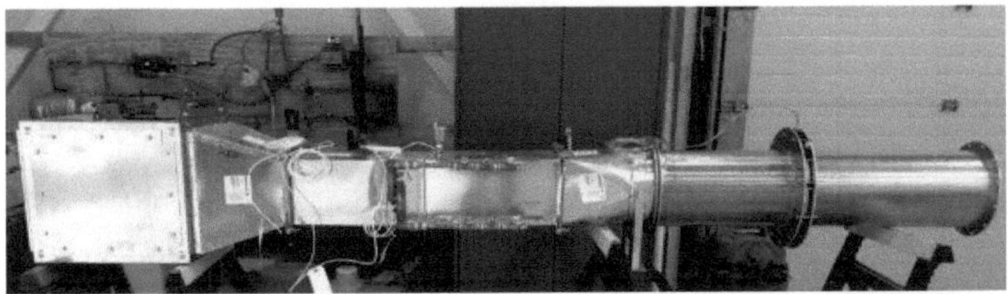

Figura 2.2. Fotografia do banco de ensaio (unidade de tratamento de ar em primeiro plano)

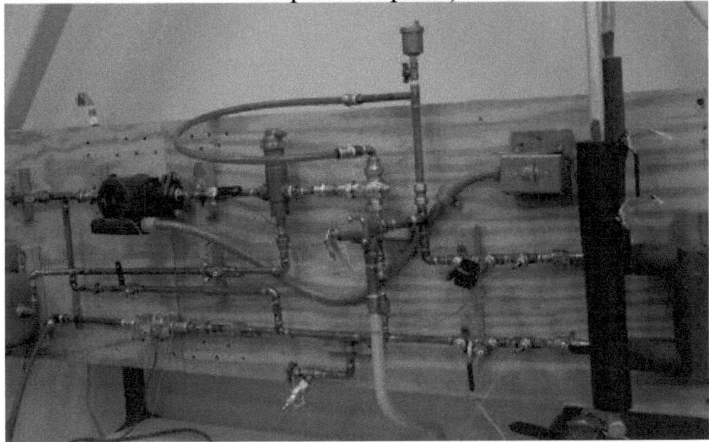

Figura 2.3. Sistema de tubagem do lado do líquido e aparelho de permuta de calor

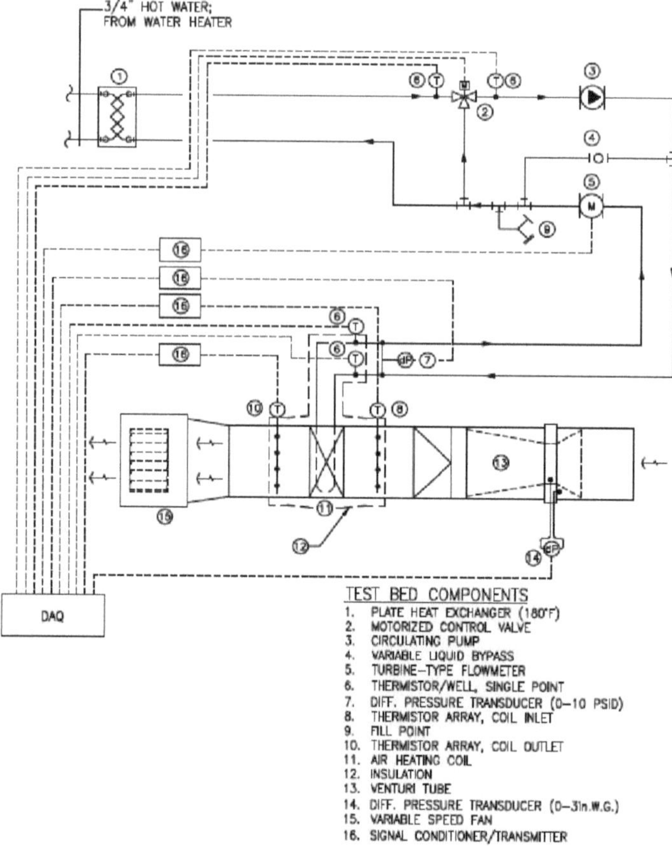

Figura 2.4. Disposição dos componentes e instrumentos do banco de ensaio.

2.2 Análise

A capacidade da serpentina de aquecimento é medida usando métodos empíricos, e os coeficientes e métricas de desempenho relevantes são então determinados usando princípios de transferência de calor e física. Os dados das propriedades termofísicas do fluido de base e do nanofluido testado utilizados no cálculo dos parâmetros e coeficientes de desempenho baseiam-se em dados empíricos sempre que possível.

2.3 Propriedades termofísicas dos fluidos de transferência de calor

Nesta análise, a capacidade de aquecimento das serpentinas hidrónicas é comparada com uma variedade de fluidos de transferência de calor diferentes. Estes incluem uma solução de 60% de etilenoglicol/40% de água (em massa) (doravante referida como 60% EG) e nanofluidos compostos por um fluido de base 60% EG com nanopartículas de Al O_{23} uniformemente dispersas em concentrações volumétricas de 1%. Os dados das propriedades termofísicas para o 60% EG foram retirados do ASHRAE Fundamentals [12]. As propriedades termofísicas do ar e da água foram retiradas de Bejan [13] .

Densidade: Para a densidade do ar, foi aplicado um ajuste de curva polinomial aos dados de propriedade, com R^2 >0,99. A equação para o polinómio ajustado é

$$\rho_{air} = 2.3548 \times 10^{-5} \cdot T^2 - 1.7928 \times 10^{-2} \cdot T + 4.4289 \qquad (1)$$

em que ρ_{air} é em kg/m^3 e o intervalo válido para a correlação é 173K < T <333K.

O ajuste da curva polinomial para a densidade da água é:

$$\rho_w = -0.0036T^2 + 1.8717T + 754.93 \qquad (2)$$

A correlação aplica-se no intervalo 273K<T<373K. Para esta correlação, $R^2 = 1.0$

Para a densidade do EG 60% foi utilizada a seguinte correlação de [11]:

$$\left(\frac{\rho}{\rho_o}\right)_{bf} = A + B\left(\frac{T}{T_o}\right) + C\left(\frac{T}{T_o}\right)^2 \tag{3}$$

em que $\rho_o = 1091.66\,kg/m^3$, A=0,9247, B=0,2414, e C=-0,1661. $R^2 = 1$, e o erro de ajuste da curva é de 0,01%. Pak e Cho [3] desenvolveram uma relação para a densidade efectiva dos nanofluidos. A relação é a seguinte:

$$\rho_{nf} = \phi\rho_s + (1 - \phi)\rho_{bf} \tag{4}$$

Calor específico: Para o calor específico do ar, é utilizado um valor constante de 1006 J/kg-K (o calor específico do ar não se altera significativamente na gama de temperaturas de interesse para este estudo). Para a água, foi aplicado o seguinte ajuste de curva polinomial:

$$c_{p,w} = -1.463 \times 10^{-7} T^3 + 1.562 \times 10^{-4} T^2 - 5.474 \times 10^{-2} T + 10.50 \tag{5}$$

A correlação aplica-se para 273K<T<373K. Para esta correlação, $R^2 = 0,98$.

Para o calor específico do EG 60% (em kJ/kg-K), foi utilizada a seguinte correlação de [11]:

$$\left(\frac{c_p}{c_{p,o}}\right)_{bf} = A + B\left(\frac{T}{T_o}\right) \tag{6}$$

em que $c_{p,o} = 3042.02\,\dfrac{J}{kg \cdot K}$, A=0.6185 e B=-0.3814. $R^2 =1$, e o erro de ajuste da curva é de 0,01%.

Vajjha, et al. [4] desenvolveram uma correlação de calor específico para um nanofluido composto por nanopartículas de Al O_{23} com um tamanho médio de partícula de 45 nm em 60% EG. A correlação é:

$$\frac{c_{p,nf}}{c_{p,bf}} = \frac{\left[A\left(\dfrac{T}{T_o}\right) + B\left(\dfrac{c_{p,p}}{c_{p,bf}}\right) \right]}{(C + \phi)} \tag{7}$$

onde A = 0,24327, B=0,5179 e C=0,4250. A correlação é válida para 315 K< T < 363 K; 0,01< φ< 0,1 e c_p está em kJ/(kg-K). O valor do calor específico para a partícula de Al O_{23} é $c = 773_{p,p}\,\dfrac{J}{kg \cdot K}$. A incerteza para esta correlação é de 3,1%.

Viscosidade: Para a viscosidade da água (em Pa· s), foi selecionada uma correlação apresentada em White [19]. A equação é a seguinte

$$\ln\left(\frac{\mu}{\mu_o}\right)_w = A + B\left(\frac{T_o}{T}\right) + C\left(\frac{T_o}{T}\right)^2 \tag{8}$$

em que T_o =273K e $\mu_o = 0.001788(kg/(m \cdot s)$, A=-1,704 B=-5,306 e C=7,003.

Para a viscosidade do EG a 60% (em mPa-s), foi utilizada uma equação semelhante. Esta correlação foi relatada em [11] e foi desenvolvida a partir de dados relatados pela ASHRAE. Para este líquido, μ_0 =0,01179 (kg/m s), A=-4,976, B=-1,942 e C=6,9088. R^2 =1, e o erro de ajuste da curva é de 0,01%.

Vajjha e Das [14] apresentaram as seguintes correlações a partir de experiências para calcular a viscosidade (em mPa-s) de nanofluidos constituídos por nanopartículas de Al O_{23} dispersas em 60% de fluido de base EG

$$\frac{\mu_{nf}}{\mu_{bf}} = Ae^{-B \cdot \phi} \tag{9}$$

$A = 0.9830$ e $B = 12.9590$ para Al O_{23} com ϕ até 10% ($0 < \phi < 0,10$)

Esta correlação de viscosidade foi desenvolvida para o intervalo 273K < T < 360K. O desvio máximo das curvas ajustadas em relação aos dados experimentais foi de 8%.

Condutividade térmica: Para a condutividade térmica do ar (W/m-K), foi aplicado um ajuste de curva linear aos dados de propriedade, com R^2 >0,99. A equação para a linha ajustada é

$$k_{air} = 7.5576 \times 10^{-5} \cdot T + 3.1203 \times 10^{-3} \tag{10a}$$

Para a água, foi desenvolvida a seguinte correlação polinomial:

$$k_w = -8.1585 \times 10^{-6} T^2 + 6.4704 \times 10^{-3} T - 0.5997 \tag{10b}$$

O ajuste da curva aplica-se ao intervalo 273K < T < 373K, com R^2 =0,99

Para a condutividade térmica do EG 60%, o ajuste da curva utilizado é indicado da seguinte forma

$$\left(\frac{k}{k_o}\right)_{bf} = A + B\left(\frac{T}{T_o}\right) + C\left(\frac{T}{T_o}\right)^2 \qquad (11)$$

em que $k_o = 0{,}342\,\dfrac{W}{m\cdot K}$, A=-0,2939, B=1,981, e C=-0,6868. R^2 =0,999 e

o erro de ajuste da curva é de 0,11% para a correlação [11].

A partir de experiências com nanopartículas de Al O_{23} dispersas em 60% de EG, Vajjha et al. [14] desenvolveram uma correlação de condutividade térmica baseada numa melhoria do modelo de Koo-Kleinstreuer [15].

$$k_{nf} = \left(\frac{k_s + 2k_{bf} - 2\phi(k_{bf} - k_s)}{k_s + 2k_{bf} + \phi(k_{bf} - k_s)}\right)k_{bf} + 5\times10^4\,\beta\phi\rho_{bf}c_{p,bf}\sqrt{\frac{\kappa T}{\rho_s d_p}}\,f(T,\phi) \qquad (12a)$$

onde

$$f(T,\phi) = \left(1.0336\times10^{-4}\phi + 1.4348\times10^{-5}\right)T - \left(3.0669\times10^{-2}\phi + 3.91123\times10^{-3}\right)$$

Para nanofluidos constituídos por nanopartículas de Al O_{23} ,

$$\beta = 8.4407(100\phi)^{-1.07304} \qquad (12b)$$

Essas correlações se aplicam a temperaturas na faixa de 293K<T<363K para Al O_{23} concentração volumétrica de 0,01< φ<0,10. O d_p na Eq. (13a) é o diâmetro médio das partículas expresso em metros. O desvio médio para a correlação do conjunto de dados é de 0,23%.

O primeiro termo da Eq. (12a) é a conhecida equação de Hamilton-Crosser [16], enquanto o segundo termo foi desenvolvido para ter em conta o movimento browniano associado às nanopartículas, que aumenta a condutividade térmica do fluido ao gerar uma circulação em microescala em torno da partícula.

Para esta análise, todas as propriedades termofísicas do nanofluido são avaliadas considerando nanopartículas de Al O_{23} com um diâmetro de 45 nm.

Todos os dados de propriedades do ar são adequados para utilização no intervalo $173K < T < 333K$. Para todas as curvas de propriedades termofísicas do ar - ajustes $R^2 > 0,99$.

Fator de atrito: O fator de atrito para escoamentos internos turbulentos pode ser calculado utilizando várias correlações. Duas correlações que têm sido amplamente adoptadas para utilização com escoamentos de fluidos monofásicos são as de Blasius [17] e Churchill [18]. A equação de Blasius é válida apenas para escoamentos através de tubos "lisos" e para números de Reynolds na gama de 3.000 a 10^5 . A equação é enunciada da seguinte forma:

$$f = 0.3164\,\mathrm{Re}^{-0.25} \tag{13a}$$

A equação de Churchill é válida para escoamentos em tubos lisos e rugosos, e pode ser aplicada a qualquer número de Reynolds.

$$f = 8\left(\left(\frac{8}{\mathrm{Re}}\right)^{12} + (A+B)^{-1.5}\right)^{\frac{1}{12}} \tag{13b}$$

$$A = \left(2.457\ln\left(\left(\left(\frac{7}{\mathrm{Re}}\right)^{0.9} + 0.27\frac{\varepsilon}{D}\right)^{-1}\right)\right)^{16} \tag{13c}$$

$$B = \left(\frac{37530}{\mathrm{Re}}\right)^{16} \tag{13d}$$

Neste caso, considerando que a tubagem na secção de permuta de calor é tubagem estirada, é utilizada uma rugosidade absoluta de 0,0015 mm.

As perdas viscosas através do aparelho da bobina estão relacionadas com o fator de atrito e o coeficiente de perda menor pode ser calculado utilizando a seguinte relação também de [19]:

$$\Delta P = \left(K + f\frac{L}{D_i}\right)\frac{\rho V^2}{2} \tag{14}$$

K, o coeficiente de perdas menores, é um valor caraterístico que depende da configuração dos cotovelos, tês, curvas de retorno e outros acessórios e caraterísticas geométricas do aparelho que quantifica as perdas viscosas associadas à configuração da tubagem .

Parâmetros de transferência de calor de fluidos:

Os vários parâmetros, tais como os factores "j" e "G" do lado do ar, que são necessários para calcular o desempenho da serpentina, são calculados utilizando correlações e abordagens já estabelecidas, documentadas em Shah e Sekulic [20]. Estas correlações podem ser aplicadas para calcular o coeficiente de transferência de calor exterior, ou do lado do ar, da serpentina.

$$h_o = jGc_p\,\mathrm{Pr}^{-2/3} \tag{15}$$

Para calcular o coeficiente de transferência de calor por convecção no lado do líquido quando um fluido de base monofásico está a circular na gama laminar, o número de Nusselt é um valor fixo. Normalmente, o valor é assumido como sendo aproximadamente 4,4 e pode variar ligeiramente dependendo da condição de fronteira. Para escoamentos internos turbulentos, são aplicáveis duas correlações do número de Nusselt e do número de Stanton amplamente adoptadas por Dittus-Boelter [21] e Petukhov [22]. A correlação de Dittus-Boelter é a seguinte

$$Nu = 0.023 Re^{0.8} Pr^{0.3} \tag{164}$$

A correlação é válida para $1,5 \leq Pr \leq 500$ e $3\times10^3 \leq Re \leq 10^6$ e para líquidos num tubo circular liso, com escoamento totalmente desenvolvido.

A segunda correlação que pode ser utilizada para prever o número de Nusselt para o escoamento turbulento em tubos lisos é a de Petukhov. É a seguinte

$$St = \frac{\left(\dfrac{f}{2}\right)}{\left(1.07 + 12.7\sqrt{\left(\dfrac{f}{2}\right)\left(Pr^{\frac{2}{3}}-1\right)}\right)} \qquad \Delta P = \left(K + f\frac{L}{D_i}\right)\frac{\rho V^2}{2} \tag{17a}$$

$$St = \frac{Nu}{PrRe} \tag{17b}$$

$$f = \left(1.58 ln(Re) - 3.28\right)^{-2} \tag{17c}$$

Esta correlação foi posteriormente modificada por Gnielinski [24]:

$$Nu = \frac{\left(\dfrac{f}{8}\right)(Re-1000)Pr}{\left(1.07 + 12.7\sqrt{\left(\dfrac{f}{8}\right)\left(Pr^{\frac{2}{3}}-1\right)}\right)} \tag{18a}$$

onde

$$f = \left(1.82 log(\text{Re}) - 1.64\right)^{-2} \qquad (18b)$$

Esta correlação pode ser utilizada para escoamentos turbulentos, com Re>4.500.

Mais recentemente, Abraham, et. al [23] desenvolveram uma correlação para o cálculo do fator de atrito para escoamentos internos com números de Reynolds na gama de "transição" (2 *300<Re<4* 500), à medida que a turbulência no escoamento aumenta de intensidade. Para ter em conta as diferentes caraterísticas fluidodinâmicas e de transferência de calor do escoamento de transição, os autores desenvolveram uma nova correlação para o fator de atrito adequada para utilização na gama de transição:

$$f = 3.03x10^{-12}Re^3 - 34.67x10^{-8}Re^2 + 1.46x10^{-4}Re - 0.151 \qquad (18c)$$

Para escoamentos que transitem entre regimes de escoamento laminar e turbulento, e em escoamentos internos de tubos rectos, o número de Nusselt pode ser determinado utilizando o fator de atrito adequado com base no número de Reynolds.

O coeficiente de transferência de calor por convecção interior é calculado utilizando a relação padrão:

$$h_i = \frac{Nu \cdot k}{D_i} \qquad (19)$$

Resistência térmica global:

O valor global de UA do processo de permuta de calor líquido-ar é calculado utilizando uma equação básica de transferência de calor:

$$\frac{1}{UA} = \frac{LMTD}{\dot{Q}}$$ (20)

De McQuiston, et al [25], a resistência térmica total da bobina está relacionada com o coeficiente de transferência de calor interior e exterior através destas equações:

$$\frac{1}{UA} = \frac{1}{h_i A_i} - \frac{1}{\eta h_o A_o}$$ (21)

A eficiência global das alhetas, denotada por η, é calculada utilizando a abordagem descrita em McQuiston, et al. A equação (21) negligencia a resistência condutora no interior devido às alhetas metálicas, à parede do tubo e aos factores de incrustação. Rearranjando para isolar a resistência térmica interna no lado esquerdo da equação, obtém-se

$$\frac{1}{h_i A_i} = \frac{1}{UA} - \frac{1}{\eta h_o A_o}$$ (22)

As taxas de calor medidas podem então ser utilizadas para calcular a resistência térmica global do sistema de transferência de calor. A resistência térmica exterior pode também ser calculada utilizando dados de ensaio de base efectuados com água. O coeficiente de transferência de calor interior é determinado utilizando a correlação apropriada, tornando assim possível resolver h_o . Para os ensaios de base e os ensaios experimentais, os dados de propriedades previamente estabelecidos são então utilizados para calcular o número de Nusselt para o fluxo interno na tubagem.

Taxa de calor: A taxa de calor no fluxo de líquido é calculada utilizando a primeira lei da termodinâmica:

$$\dot{Q}_{liq} = \dot{V}_{liq}\rho_{liq}c_{p,liq}\left(T_{out} - T_{in}\right)_{liq} \tag{23}$$

Do mesmo modo, a taxa de calor no fluxo de ar é calculada da seguinte forma:

$$\dot{Q}_{air} = \dot{V}_{air}\rho_{air}c_{p,air}\left(T_{out} - T_{in}\right)_{air} \tag{24}$$

A densidade é avaliada à temperatura de entrada ou de saída, dependendo da posição do dispositivo de medição. Para o lado do líquido, o dispositivo de medição está no lado de saída da secção de permuta de calor. No lado do ar, o dispositivo de medição encontra-se no lado de entrada da secção de permuta de calor. O calor específico é avaliado à temperatura média matemática através das secções de permuta de calor para os respectivos fluxos de fluido.

Potência de bombagem: A potência de bombagem do líquido é calculada utilizando a seguinte equação de White [19]:

$$\dot{W} = \dot{V}\Delta p \tag{25}$$

Em que a pressão diferencial é medida entre a entrada de líquido e a saída da secção de permuta de calor.

Propriedades do ar húmido: O ar utilizado nos ensaios é retirado da atmosfera e não está sujeito a qualquer controlo de humidade ou outro condicionamento a montante do banco de ensaio. O ar atmosférico tem normalmente alguma humidade mensurável. Isto afecta as propriedades termofísicas do ar em relação às do ar seco, o que, por sua vez, pode afetar os cálculos do balanço energético, a menos que seja tido em conta. O banco de ensaio não está equipado com um monitor de humidade contínuo em linha integrado no DAQ e, uma vez que não é trivial calcular as propriedades do ar húmido no contexto da recolha contínua de dados com alterações na humidade relativa, é necessário, de um ponto de vista prático, aplicar as propriedades do ar seco aos cálculos do balanço energético. O ar no ambiente de ensaio (Fairbanks, AK) foi monitorizado com um medidor de humidade portátil e nunca se observou uma humidade superior a 14%. Considerando os dados psicrométricos normalmente disponíveis para o ar húmido e uma gama de temperaturas de bolbo seco de 18°C a 40°C, a uma HR de 14% e à temperatura do ar ambiente, a energia associada ao aquecimento do ar húmido a uma subida de temperatura que está de acordo com as condições normais de ensaio, a diferença entre o ar seco e o ar húmido é inferior a 1%.

Considerações sobre exergia: A exergia quantifica a energia disponível num determinado volume de controlo para realizar um trabalho correspondente a uma determinada temperatura de referência. A variação total da exergia para o fluxo de um fluido que atravessa o aparelho de permuta de calor é composta por dois componentes, a variação da exergia associada à transferência de calor condutiva/convectiva e a do fluxo de fluido viscoso. Esta análise assume que a variação de exergia associada à troca de calor no lado do ar não difere significativamente entre o processo que utiliza o fluido de base e o nanofluido, uma vez que as diferenças de temperatura são muito semelhantes. As equações para calcular os componentes da exergia são descritas por Shah e Sekulic [20]. O primeiro elemento é equacionado como:

$$\dot{B}_{\Delta T} = \left(\dot{m}c_p\right)_{liq} T_a \left(\frac{1}{T_{c,lm}} - \frac{1}{T_{h,lm}} \right) \tag{26}$$

Em que j é h ou c para as correntes quente ou fria, respetivamente

$$T_{j,lm} = \frac{T_{j,i} - T_{j,o}}{\ln\left(\dfrac{T_{j,i}}{T_{j,o}} \right)} \tag{27}$$

A variação de exergia associada às perdas viscosas associadas ao fluxo de líquido é descrita como:

$$B_{\Delta P} = \frac{\dot{m}\Delta P}{\rho} \frac{T_o \ln\left(\dfrac{T_{liq,out}}{T_o} \right)}{T_{liq,out} - T_{liq,in}} \tag{28}$$

A exergia total destruída durante o processo de troca de calor é indicada:

$$B_{total} = B_{\dot{Q}} + B_{\Delta P} \tag{29}$$

O número de Bejan é o rácio entre a irreversibilidade devida à transferência de calor e a entropia total (a soma das irreversibilidades devidas à transferência de calor e à perda de pressão).

$$Be = \frac{B_{\dot{Q}}}{B_{total}} \tag{30}$$

2.4 Resultados

2.4.1 Análise da incerteza dos dados experimentais

O erro experimental total no cálculo da taxa de calor dos caudais de líquido e de ar é encontrado através da agregação de todas as fontes de erro conhecidas no banco de ensaio. As fontes conhecidas de erro experimental no comboio de líquido incluem o erro de medição associado a dois termistores e ao medidor de caudal. O ar dissolvido e arrastado na água é uma fonte de erro aleatório adicional, uma vez que o ar irá afetar as propriedades termofísicas do fluido de transferência de calor. Outras fontes de erro aleatório incluem a perda de calor para a atmosfera através das ligações da tubagem. Estas fontes de erro não são facilmente quantificáveis. No lado do ar do sistema, as fontes de erro experimental incluem o erro de medição associado aos dois conjuntos de termistores, o erro associado ao medidor de caudal venturi e o transdutor de pressão diferencial utilizado com o dispositivo venturi. Outras fontes de erro aleatório incluem a fuga de ar através das juntas das condutas, a perda de calor através das condutas para a atmosfera e o erro de medição da temperatura devido à má distribuição do caudal de ar e do calor através das condutas. Para este estudo, as propriedades do lado líquido são utilizadas para comparar o desempenho térmico.

Tabela 2.1. Erro de instrumentação publicado pelos fabricantes

Dispositivo	Erro
Medidor de caudal de líquidos (Omega SES050)	±1% escala completa/10 GPM escala completa
Termístores de líquidos (Omega TH-44004)	±0,1°C/75°C escala completa
Transdutor de pressão diferencial (Omega PX81), no lado do líquido	±.25% escala completa/10 psi escala completa
Medidor Venturi de Ar (Lambda Square Modelo 2300)	±,75% efetivo
Transdutor de pressão (Omega PX653-035DV), no lado do ar	±0,05% escala completa (3 polegadas WC escala completa)
Estação de fluxo Ebtron (série Silver)	±0,15°C da leitura

O erro total de medição da taxa de calor líquido utilizando água, e com base no agregado de erros publicados, é de 1,1%. O erro total de medição da taxa de calor no lado do ar é de 0,8%.

O erro (em percentagem) no cálculo da taxa de calor é calculado utilizando a equação:

$$\frac{\Delta z}{z} = \left[\sum_{n=1}^{i} \left(\frac{\Delta x}{x} \right)_i^2 \right]^{1/2} \tag{31}$$

em que x_1, x_2, x_3 e x_4 são variáveis no cálculo da taxa de calor, incluindo o calor específico, o caudal volumétrico do fluido, a diferença de temperatura e a densidade, respetivamente, de acordo com as Eqs. (23) e (24).

Do mesmo modo, o erro na potência de bombagem é calculado utilizando os valores de erro para o caudal volumétrico e a pressão diferencial de acordo com a Eq. (25). O erro para a potência de bombagem é de 1,0%.

Outra fonte de erro experimental é a perda de calor do sistema através das paredes dos tubos e condutas para a atmosfera. Este erro é minimizado através da aplicação de isolamento na secção de permuta de calor e na tubagem de ligação. Este erro tem o efeito de aumentar a taxa de calor medida no lado do líquido e diminuir a taxa de calor no lado do ar.

Existem algumas outras fontes de erro experimental que são difíceis de quantificar. Uma delas é a fuga de ar através dos encaixes das condutas. As juntas foram seladas com fita adesiva e outros vedantes de condutas, numa tentativa de minimizar o impacto da fuga de ar nas condutas. No entanto, devido à configuração do sistema em que o ventilador aspira o ar através das condutas, existe uma pressão negativa na maior parte do aparelho. Existem várias costuras e juntas vedadas no interior do aparelho e é improvável que todas as fontes de fugas nestas caraterísticas tenham sido eliminadas. Qualitativamente, a fuga de ar a montante entre a serpentina de aquecimento e o venturi permite a entrada de ar não medido na secção de permuta de calor do banco de ensaio. Isto teria o efeito de aumentar a queda de temperatura medida no lado do líquido do sistema, aumentando assim a taxa de calor aparente no lado do líquido em relação ao lado do ar. Como ilustrado na Figura 2.5 e na Figura 2.6 abaixo, a taxa de calor medida no lado do ar é consistentemente maior do que a medida no lado do líquido. A um nível elevado, o desempenho global do banco de ensaio pode ser validado por comparação com o desempenho previsto por um modelo analítico que foi validado por comparação com os dados de desempenho publicados pelo fabricante da serpentina de aquecimento de ar com condições de entrada rigorosamente controladas. Utilizando esta lógica, o modelo analítico mostra que o desempenho medido do banco de ensaio está de acordo com as expectativas e que não existem grandes fontes de erros não controlados decorrentes da configuração física do banco de ensaio.

2.4.2 Testes de base

Foram realizados testes de base extensivos no banco de ensaio para demonstrar que o desempenho da transferência de calor medido pela instrumentação está de acordo com o que é esperado, conforme determinado pelos dados e cálculos do fabricante com base em métodos aceites na literatura.

Para caraterizar o desempenho de base do aparelho, o teste é realizado utilizando água no lado "húmido" do sistema. Neste ensaio, a água quente é utilizada para aquecer o ar à medida que este flui através da serpentina de aquecimento. As taxas de calor através dos fluxos de ar e de água são calculadas medindo os caudais volumétricos e a subida de temperatura utilizando a instrumentação do aparelho e, em seguida, tendo em conta as propriedades termofísicas dos dois fluidos que são calculadas à respectiva temperatura média aritmética (exceto, como referido anteriormente, para a determinação dos caudais mássicos).

Outro aspeto do ensaio de base consiste em caraterizar o balanço energético entre os fluxos de ar e de água durante o período de funcionamento do ensaio. O objetivo deste ensaio é quantificar a diferença nas taxas de calor calculadas entre os dois fluxos (líquido e ar) do aparelho de ensaio. Uma diferença entre as taxas de calor medidas nos dois fluxos é uma medida importante do erro experimental no aparelho de ensaio. Minimizar e quantificar o desequilíbrio de energia é fundamental, pois tornará a análise do desempenho da transferência de calor do nanofluido mais simples, uma vez que as propriedades termofísicas do ar são bem compreendidas ao longo da gama de condições de teste, e as propriedades do ar também são constantes ao longo do tempo (a temperatura e pressão constantes). Ao contrário do ar, as propriedades termofísicas dos nanofluidos podem não ser constantes ao longo do tempo devido à aglomeração ou sedimentação das partículas. Isso melhora a usabilidade do banco de ensaio e sua capacidade de discernir o desempenho relativo de diferentes nanofluidos que podem não ter dados de propriedades termofísicas obtidos empiricamente.

Foram efectuados dois testes de base para determinar a taxa de calor do permutador utilizando água no lado líquido do circuito. No primeiro teste de base, o caudal volumétrico da água é variado, enquanto a temperatura de entrada é mantida constante (a 327+/-1K), bem como a velocidade do ar e a temperatura do ar de entrada. O resultado deste ensaio é ilustrado na Figura 2.5, com a taxa de calor calculada para os caudais de ar e de líquido. Neste ensaio, foram registados 598 pontos individuais para ambos os fluxos de fluido. A diferença média entre a taxa de calor calculada para o lado do ar e para o lado do líquido é de 7,9%. Para verificação adicional, a serpentina é modelada usando condições de entrada e configuração idênticas, utilizando a abordagem descrita por Strandberg e Das [6]. Verificou-se que a taxa de calor da serpentina modelada na mesma gama de caudais de líquido se situa dentro de 3% da taxa de calor do ar obtida empiricamente na gama testada. Para efeitos de comparação de desempenho, é utilizada a média das taxas de calor do líquido e do ar. Para este ensaio, foram efectuadas entre 63 e 80 observações para cada caudal, num total de 598 pontos de dados. Deixou-se que o banco de ensaio atingisse o estado estacionário antes de se iniciar a recolha de dados.

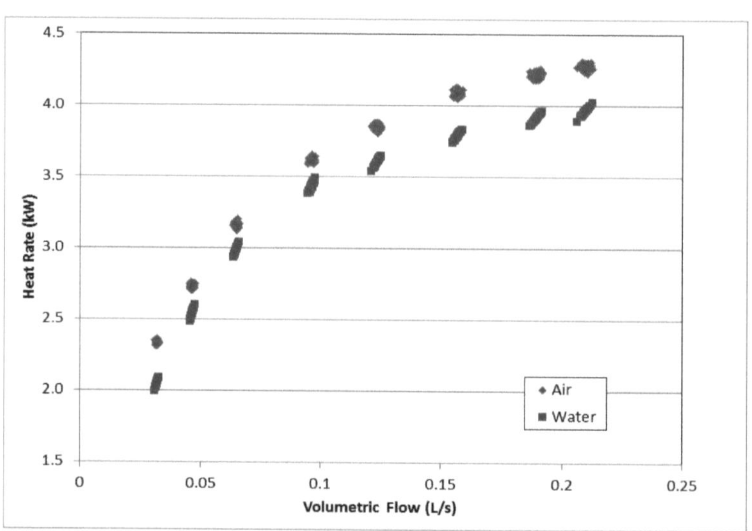

Figura 2.5. Taxa de calor versus caudal volumétrico, temperatura de entrada constante

A Figura 2.5 ilustra que a taxa de calor aumenta com o caudal volumétrico do líquido, o que é de esperar. A taxa de calor medida do lado do ar é consistentemente mais elevada do que a taxa de calor do lado do líquido. A fuga de ar para o aparelho de ensaio entre o medidor Venturi e a serpentina de aquecimento pode ser a razão para esta discrepância.

No segundo teste de base, a temperatura da água de entrada é variada e o caudal volumétrico da água e do ar é mantido constante. O caudal de líquido é mantido constante a 0,104 L/s e o caudal de ar do ventilador é mantido constante a 0,269 m³ /s. O resultado deste ensaio é ilustrado na Figura 2.6. A diferença entre a taxa de calor calculada do lado do ar e do lado do líquido varia de 3,7% a 7,8%, com uma média de 6,6%. Para este ensaio, o número total de pontos de dados é 310 (há entre 57 e 70

observações a cada temperatura).

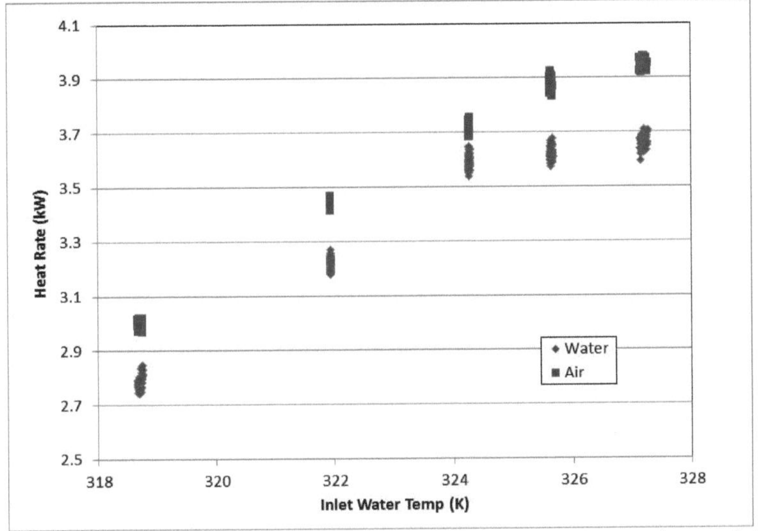

Figura 2.6. Taxa de calor versus temperatura da água à entrada, caudal
volumétrico constante.

O teste de base seguinte consistiu em medir as perdas viscosas através

da serpentina hidrónica numa gama de caudais. Estes dados são

ilustrados na Figura 2.7. A perda de pressão medida através do aparelho

da serpentina está de acordo com os dados publicados pelos fabricantes

da serpentina, muito bem, ao longo da gama de caudais observados.

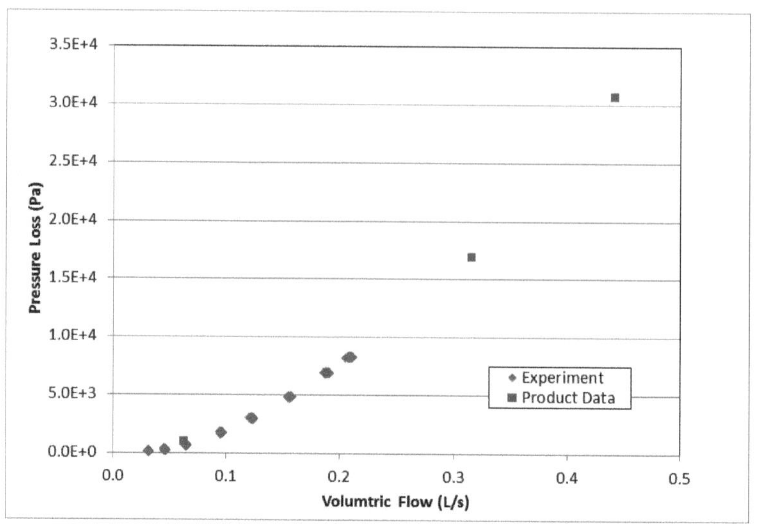

Figura 2.7. Perda de pressão através da bobina versus caudal volumétrico, medido e com base nos dados do produto.

Quando a pressão diferencial medida através da bobina e a informação do caudal volumétrico são convertidas adequadamente, é possível correlacionar uma perda de pressão e o número de Reynolds da tubagem da bobina. Uma curva polinomial aplicada sobre os dados de perda de pressão versus número de Reynolds produz a seguinte equação:

$$\Delta P_w = 1.81 \times 10^{-5} \, \mathrm{Re}^2 - 9.51 \times 10^{-2} \, \mathrm{Re} - 342 \qquad (32)$$

A curva ajustada está em conformidade com os dados obtidos experimentalmente com $R^2 > 0,99$. Os dados e a curva ajustada associada estão representados na Figura 2.8.

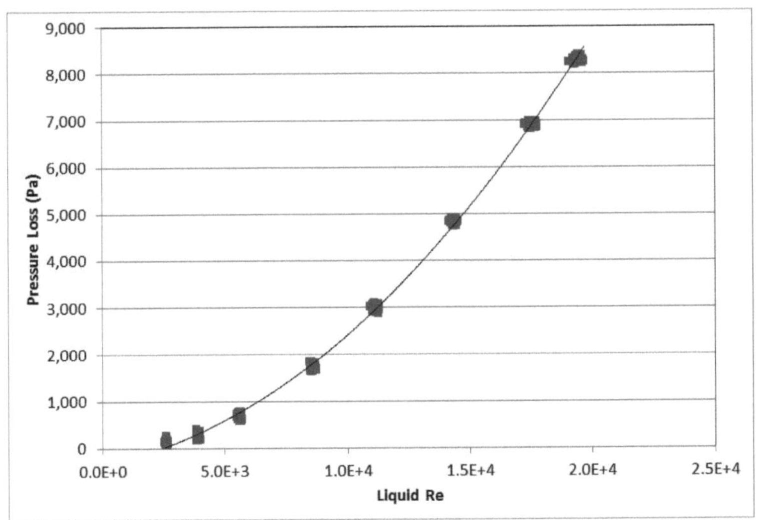

Figura 2.8. Queda de pressão versus número de Reynolds do líquido.

As perdas viscosas através do aparelho da bobina são devidas a perdas através da tubagem reta e a perdas associadas ao fluxo através de vários acessórios, incluindo curvas em U da tubagem. Existem vários recursos para atribuir valores K a estes acessórios, no entanto o valor do fator K para um acessório individual pode variar muito [12]. Os factores K para o conjunto de acessórios utilizados nesta experiência são encontrados subtraindo a perda de pressão calculada devido a perdas viscosas nas secções de tubos rectos, calculada utilizando a Eq. (14), da perda de pressão total medida através da bobina. O comprimento total da tubagem reta na bobina é de 2,54 metros. O fator K pode então ser determinado para um número de Reynolds específico, reordenando a Eq. (14) e isolando o fator K no lado esquerdo da equação. Os factores K para

75

vários números de Reynolds encontrados utilizando este método estão

listados na Tabela 2.2.

Tabela 2.2. Factores K determinados empiricamente para os aparelhos
de bobinas.

Número de Reynolds	Fator K
4,000	5.3
5,000	7.9
6,000	9.0

Com base nos dados obtidos empiricamente, é possível calcular a

resistência térmica interior e os coeficientes de transferência de calor

interior e exterior, bem como o número de Nusselt para o líquido que flui

no interior da tubagem, utilizando as equações (20), (21) e (22). Na

Figura 2.9, o número de Nusselt determinado empiricamente e os valores

calculados utilizando a correlação de Petukhov são representados em

função do número de Reynolds. Este ensaio foi efectuado com uma

velocidade constante do lado do ar e num regime de temperatura e

pressão com propriedades termofísicas relativamente constantes.

Portanto, é razoável supor que o coeficiente de transferência de calor

externo será relativamente constante. O caudal de ar foi mantido

constante a 0,269 m³ /s (570 CFM); as temperaturas de entrada do ar e

do líquido também foram mantidas constantes. Os caudais de líquido

através da serpentina variaram de 0,03 a 0,22 L/s. Nos fluxos mais baixos

observados, os números de Reynolds caem para a faixa normalmente considerada "transitória", no que diz respeito à presença de turbulência no fluxo de líquido. No entanto, a correlação de Petukhov, uma correlação concebida para caudais totalmente turbulentos, ajusta-se aos valores obtidos empiricamente com $R^2 = 0,9$. A transferência de calor na gama transitória de números de Reynolds produz normalmente números de Nusselt mais baixos do que no regime totalmente turbulento. Isto ilustra o efeito benéfico das curvas da tubagem na transferência de calor, devido à criação de fluxos secundários que servem para facilitar uma melhor mistura dentro do fluxo a números de Reynolds mais baixos. Qualitativamente, a correlação está em conformidade com os números de Reynolds do líquido abaixo de 17.000, com a diferença entre os valores obtidos empiricamente e os valores calculados aumentando para aproximadamente 20% em números de Reynolds mais altos. Tendo calculado estes valores, é possível calcular a resistência térmica interior ao longo da gama testada. Este cálculo produz um valor médio para ηh A_{oo} de 201 W/K, com um desvio padrão de 5,0. Este valor é 4% mais baixo do que o valor modelado calculado utilizando o método descrito em Strandberg e Das [6].

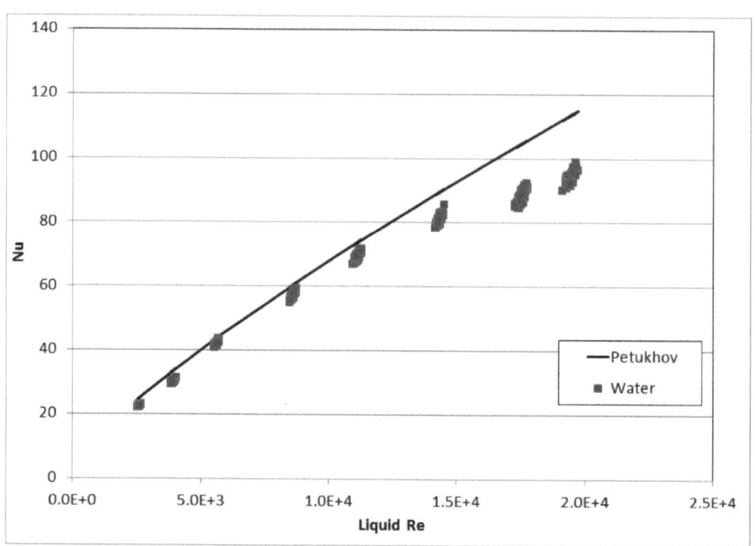

Figura 2.9. Comparação do número de Nusselt determinado empiricamente com os valores calculados utilizando a correlação de Petukhov.

2.5 Teste de desempenho de nanofluidos

Estes dados de teste ilustram as diferenças no desempenho da transferência de calor entre 60% EG/1% Al 0_{23} nanofluido e 60% EG medido durante o teste. Para estes testes, as temperaturas de entrada do líquido e do ar foram mantidas constantes e as taxas de fluxo volumétrico do líquido foram variadas.

Na Figura 2.10, os coeficientes de transferência de calor no interior do fluido de base (60% EG) são comparados com os do fluido 1% Al 0_{23} , para caudais volumétricos que variam entre 0,065 e 0,194 L/s; os números de Reynolds correspondentes são calculados e utilizados para a apresentação dos dados de desempenho. Os números de Reynolds são

78

calculados utilizando a média dos valores de entrada e saída. O coeficiente de transferência de calor interior foi encontrado calculando primeiro a taxa de calor medida e o LMTD, com base nos dados medidos, e depois determinando o UA com base na relação bem conhecida:

$$\dot{Q} = UA \cdot LMTD \qquad\qquad (33)$$

A resistência térmica exterior ($\eta h\, A_{oo}$) é assumida como tendo um valor de 200,8 W/K, tal como determinado no ensaio de base. O coeficiente de transferência de calor no interior foi então calculado considerando a área da superfície interior da secção de transferência de calor a partir da Eq. (22).

A um caudal volumétrico de 0,125 L/s, com números de Reynolds de 3.691 e 3.949 para o nanofluido de 1% Al O_{23} e o EG a 60%, respetivamente, o coeficiente de transferência de calor no interior é 13,7% inferior para o nanofluido do que para o EG a 60%. Interpolando, a taxa de calor na entrada Re=3.000, é 1,8% maior para o nanofluido do que para o 60%EG.

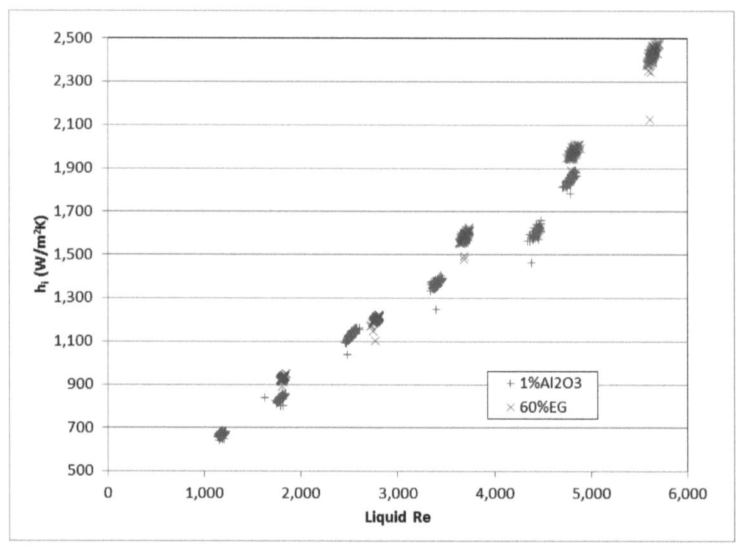

Figura 2.10. Coeficiente de transferência de calor no interior versus número de Reynolds do líquido.

Na Figura 2.11, o número de Nusselt líquido é comparado para 60% EG e 1% Al O_{23} numa gama de números de Reynolds líquidos. Há três grupos de dados que foram obtidos em Re<2.300, onde os fluxos normalmente exibem comportamento laminar. Observa-se que o fluido de base segue bem a correlação de Petukhov, enquanto o nanofluido de 1% Al O_{23} segue melhor a relação de Dittus-Boelter.

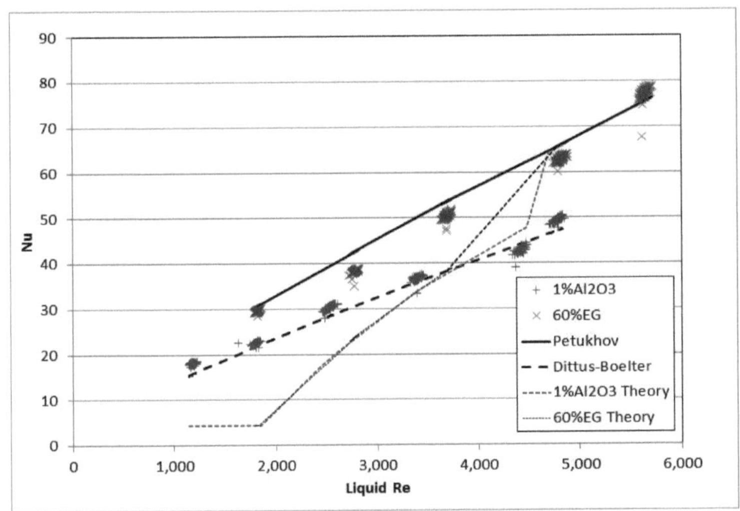

Figura 2.11. Número de Nusselt interno versus número de Reynolds do líquido.

Devido às limitações do aparelho de bombagem no banco de ensaios, o número de Reynolds para os fluxos de líquido nestes ensaios varia entre a gama laminar e a gama inferior de turbulência. As correlações existentes do número de Nusselt são tipicamente desenvolvidas exclusivamente para configurações de tubos rectos. A configuração da serpentina aqui testada tem múltiplas curvas totalmente invertidas entre secções rectas de tubos com alhetas, onde ocorre a maior parte da transferência de calor. As curvas da tubagem induzem fluxos secundários que conduzem à mistura da camada limite, aumentando assim a transferência de calor através da bobina em relação ao que é possível numa secção reta testada com um número de Reynolds igual. Note-se que ambas as correlações referidas na Figura 2.11 são limitadas por

81

aplicações a escoamentos internos com escoamentos turbulentos e para tubos rectos. Neste caso, no entanto, os números de Nusselt determinados empiricamente para o nanofluido 60% EG/1% Al O$_{23}$ e o 60% EG concordam bastante bem com as correlações de Dittus-Boelter e Petukhov, respetivamente, até números de Reynolds de entrada de aproximadamente 1.200. Para o nanofluido, a correlação de Petukhov prevê números de Nusselt significativamente mais elevados do que os valores determinados empiricamente (40-61% mais elevados). A correlação de Petukhov depende do cálculo do fator de atrito associado ao escoamento, que é sensível à turbulência e à viscosidade. É possível que o comportamento do nanofluido nesta gama de números de Reynolds' seja tal que o fator de atrito efetivo do escoamento não siga o comportamento previsto pela equação associada (Eq. (17c)), tendo em conta a gama de números de Reynolds relativamente baixos, bem como a introdução de curvas na tubagem. Os gráficos dos números de Nusselt previstos ao longo da gama de números de Reynolds testados, considerando o escoamento laminar, o escoamento de transição e a turbulência total, também estão incluídos na Figura 2.11 para referência (as curvas são montadas por partes utilizando a correlação de Petukhov modificada (Eq. (18a)) e os factores de atrito recomendados por Abraham, et al.) Estas curvas incluem uma gama de números de Nusselt constantes previstos para escoamentos internos na gama laminar, fazendo a transição em Re=1.500 para um regime que aumenta com o número de Reynolds enquanto o escoamento está a fazer a transição de laminar para turbulência total. Estes gráficos ilustram o desvio, tanto do fluido de base como do nanofluido, do comportamento previsto pelas correlações existentes para tubos rectos e reflectem o impacto das curvas nos números de Nusselt efectivos nesta configuração de escoamento.

Estes dados ilustram que o número de Nusselt para o nanofluido é também geralmente inferior ao do 60% EG na gama de números de Reynolds testados, um produto do menor coeficiente de transferência de calor e da maior condutividade térmica do nanofluido em relação ao 60% EG. O número de Nusselt do nanofluido é quase 37% mais baixo do que o do 60% EG na entrada Re=4.000 (com base na interpolação linear). O número de Nusselt determinado empiricamente apresenta boa concordância (R^2 =0,97) com os valores previstos por Dittus-Boelter. Da mesma forma, o número de Nusselt determinado empiricamente para 60% EG está em conformidade com a correlação de Petukhov com R^2 =0,97. Assim, a correlação de Dittus Boelter pode ser utilizada para concentrações diluídas de nanofluidos para prever o número de Nusselt para configurações de escoamento semelhantes a esta.

A Figura 2.12 mostra a potência hidráulica determinada empiricamente numa gama de números de Reynolds para 60% EG e 1% Al O_{23} nanofluido. Estes dados indicam que, a um caudal volumétrico de 0,125

L/s, a potência hidráulica necessária é 37% mais elevada para o nanofluido de 1% Al O_{23} do que para o EG a 60%. Por interpolação, a potência hidráulica necessária para manter um número de Reynolds de 3.000 é 91% maior para o nanofluido 1% Al O_{23} do que para o EG 60%.

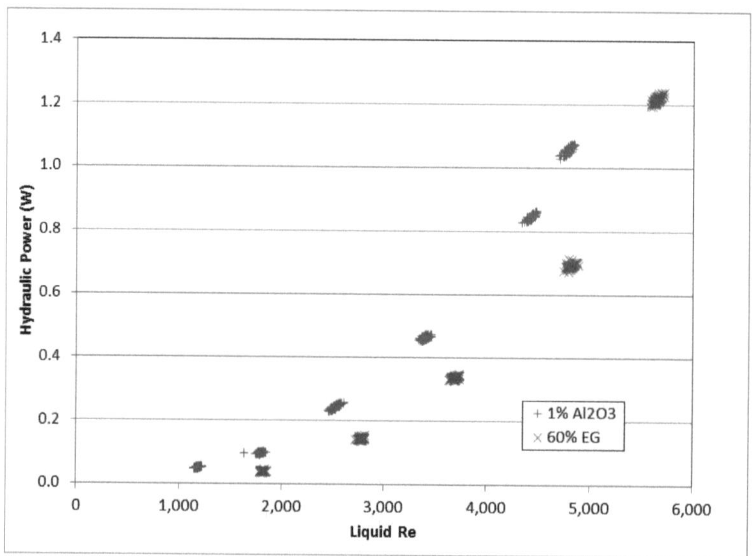

Figura 2.12. Potência hidráulica versus número de Reynolds do líquido. Os dados da Figura 2.13 mostram a relação entre o número de Reynolds do líquido e a taxa de calor da serpentina de ar. Estes dados mostram que o nanofluido gera uma taxa de calor ligeiramente mais elevada do que o EG a 60% num determinado número de Reynolds. A um fluxo volumétrico de 0,125 L/s, a taxa de calor é 1,2% maior para o EG 60% do que para o nanofluido de 1% Al O_{23} . Interpolando para comparar a taxa de calor no número de Reynolds de entrada 3.000, o nanofluido 1% Al O_{23} produz uma taxa de calor que é 3,1% maior do que a do EG 60%.

84

A experiência não mostra claramente a presença de uma zona de transição turbulenta/laminar e a correspondente queda na taxa de calor, apesar de os dados serem amostrados abaixo do número de Reynolds de limiar turbulento/laminar tradicional de 2.300.

A Figura 2.14 mostra a relação entre a potência hidráulica consumida através do bombeamento e a taxa de calor resultante no ar, mantendo constantes a temperatura de entrada e as taxas de fluxo volumétrico de ar e variando as taxas de fluxo volumétrico de líquido. Os dados indicam que, para uma dada potência hidráulica, o EG a 60% gera uma taxa de calor ligeiramente superior à do nanofluido de 1% Al O_{23} . Com uma potência hidráulica de 0,5 W, o EG a 60% gera uma taxa de calor 5,5% superior à do nanofluido. Estes dados de desempenho foram utilizados para determinar a exergia consumida para gerar uma determinada taxa de calor, o que oferece uma medida da eficiência termodinâmica global do processo e outro meio de comparar os nanofluidos com o fluido de base.

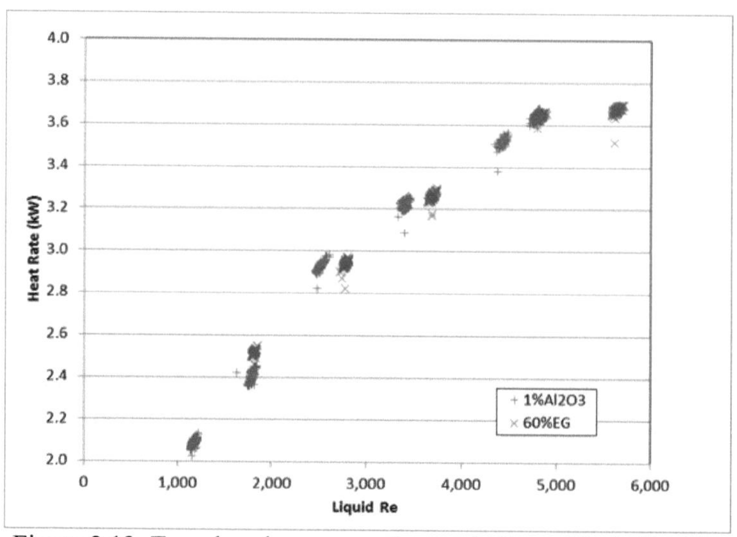

Figura 2.13. Taxa de calor versus número de Reynolds do líquido.

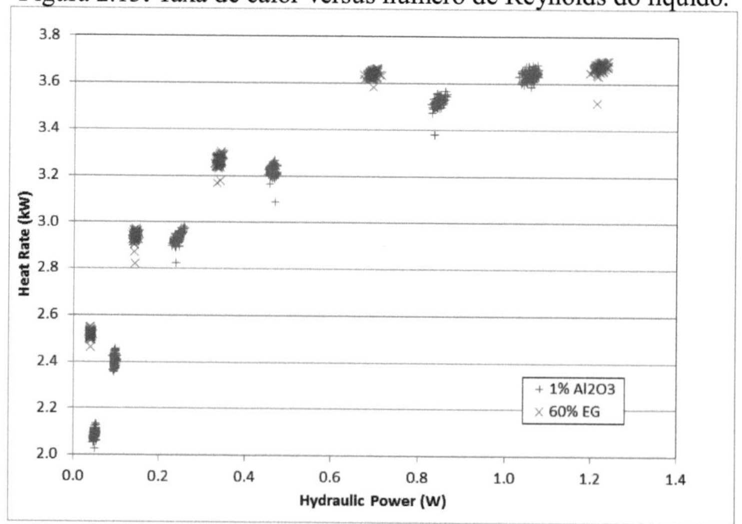

Figura 2.14. Taxa de calor versus potência hidráulica.

A perda de pressão medida através da bobina para o 1% Al O_{23} e 60% EG numa gama de números de Reynolds está representada na Figura

2.15. Foram aplicados ajustes de curvas polinomiais sobre estes dados. As curvas ajustadas são:

$$\Delta P_{nf} = 1.35 \times 10^{-4} \, Re^2 + 0.568 \, Re + 471 \tag{34}$$

$$\Delta P_{bf} = 2.15 \times 10^{-4} \, Re^2 + 0.157 \, Re + 212 \tag{35}$$

Ambos os ajustes de curva têm $R^2 > 0,99$, e aplicam-se ao intervalo de $2.000 < Re < 5.000$. Estas correlações são dimensionalmente inconsistentes e não se destinam a ser utilizadas para aplicações gerais. São úteis apenas para o objetivo específico aqui referido.

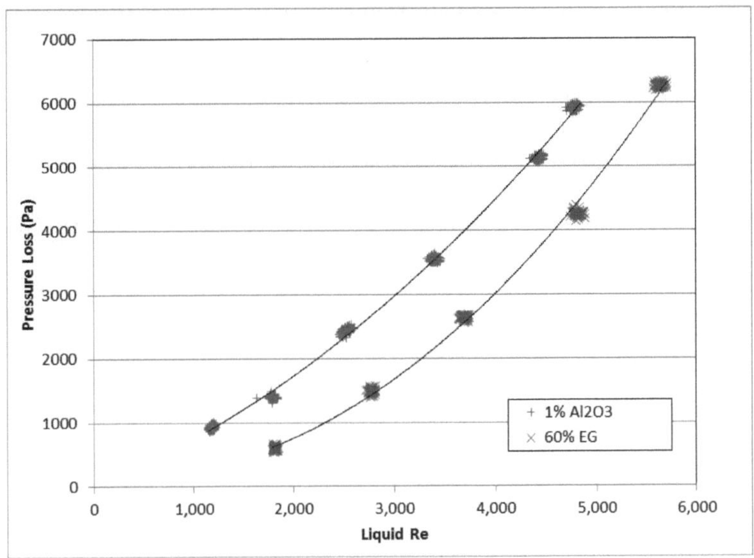

Figura 2.15. Perda de pressão através da tubagem da bobina versus número de Reynolds.

O fator de atrito de Darcy foi calculado empiricamente através do rearranjo da Eq (14) e da utilização dos factores K calculados para o ensaio de base (como indicado no Quadro 2), juntamente com os dados de fluxo volumétrico para calcular o fator de atrito para ambos os fluidos.

Os factores de atrito calculados para 1% Al O_{23} e 60% EG a números de Reynolds 4.000 e 5.000 são apresentados no Quadro 3.

Tabela 2.3. Factores de atrito de Darcy determinados empiricamente

Fluido	Re=4,000			Re=5,000		
	Experiê ncia	Analíti co	Diferen ça em %	Experiê ncia	Analíti co	Diferen ça em %
60% EG	0.044	0.041(1)	+9%	0.033	0.038(1)	-13%
1%Al O_{23}	0.068	0.049(2)	+39%	0.045	0.043(2)	+4.6%

(1) Fator de atrito calculado com base na correlação de Churchill.
(2) Fator de atrito calculado utilizando a correlação de Vajjha, et al. [4]

A Re=4.000, o fator de atrito determinado empiricamente para o 1% Al O_{23} /60% EG excede o valor previsto pela correlação desenvolvida por Vajjha, et al. [4] em 39%, enquanto que a Re=5.000 o fator de atrito determinado empiricamente excede o valor previsto em apenas 4,6%. O desvio substancial do fator de atrito em Re=4.000 pode ser parcialmente explicado pelo erro potencial associado à velocidade do escoamento. Considerando a velocidade a este número de Reynolds e a exatidão publicada do instrumento, o erro potencial na velocidade calculada é de aproximadamente 27%.

Na Figura 2.16, a relação entre a perda total de exergia para o processo de troca de calor ar-líquido utilizando os dois fluidos de transferência de calor é ilustrada graficamente. A figura mostra que, com base no desempenho medido, a perda total de exergia é marginalmente mais elevada para o nanofluido do que para o EG a 60%. A um caudal volumétrico de 0,125 L/s, a exergia destruída é 3,9% superior para o nanofluido do que para o EG a 60%. Interpolando, na entrada Re=5.000, a exergia destruída é aproximadamente 13,9% mais alta para o nanofluido do que para o EG 60% O número de Bejan (como calculado usando a Eq. 29) para ambos os fluidos é acima de 0,95, indicando que a fonte primária de perda de exergia está relacionada à geração de entropia associada à troca de calor, versus perdas viscosas associadas ao bombeamento.

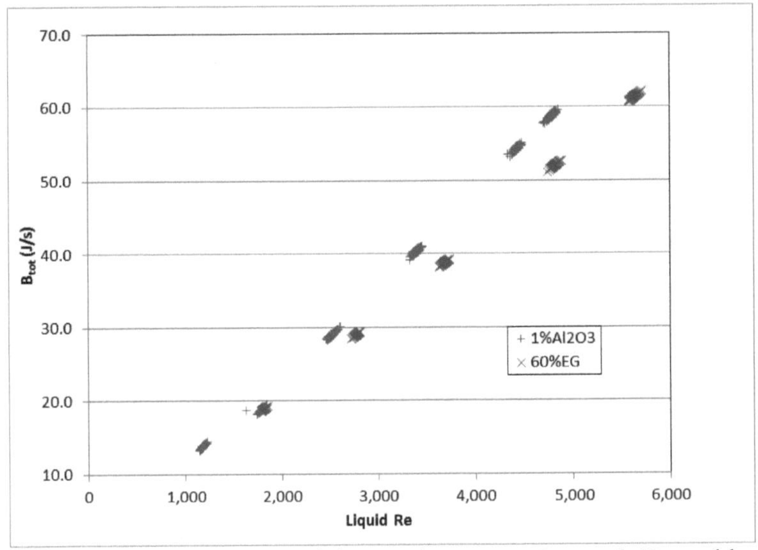

Figura 2.16. Consumo total de exergia versus número de Reynolds para os fluidos testados.

2.6 Conclusões

Uma serpentina de aquecimento de ar hidrónico foi testada experimentalmente para caraterizar o seu desempenho com 1% de nanofluido Al O_{23} /60% EG, e para comparar o desempenho da transferência de calor da serpentina com o de 60% EG. O desempenho do banco de ensaio foi validado testando a bobina com água como base de referência. O número de Nusselt calculado empiricamente correspondeu à correlação de Petukhov R^2 =0,9. Em geral, os testes de base demonstraram que o leito de teste apresentava caraterísticas de desempenho consistentes com as previsões de relações analíticas previamente estabelecidas.

A bobina preenchida com nanofluido gerou coeficientes de transferência de calor no interior ligeiramente mais baixos do que a bobina preenchida com 60% de EG ao longo da gama de condições de ensaio. A diferença variou de 1 a 8% menor para o nanofluido do que para o EG 60% entre os números de Reynolds 2.000 e 4.000. Os números de Nusselt correspondentes para o nanofluido foram inferiores aos do 60% EG, devido à maior condutividade térmica do nanofluido. Os números de Nusselt para o nanofluido parecem seguir a correlação de Dittus-Boelter bastante bem na gama de números de Reynolds testados (R^2 =0,97). O número de Nusselt calculado empiricamente para a bobina preenchida com 60% de EG concordou de perto com os previstos pela correlação de

Petukhov (R^2 =0,97). A bobina produziu uma taxa de calor marginalmente maior quando o nanofluido de 1% Al O_{23} /60% EG foi bombeado através dela do que quando 60% EG foi bombeado através dela quando comparado com base no mesmo número de Reynolds. A Re=3.000, a potência de aquecimento do nanofluido é 3,2% superior à da bobina com 60% de EG. O fator de atrito calculado do nanofluido na secção de teste foi superior ao do fluido de base em condições de igual número de Reynolds. A taxa de calor medida da bobina de aquecimento testada com o nanofluido foi marginalmente superior à da bobina testada com 60% de EG, quando comparada em condições de igual número de Reynolds.

A exergia destruída no processo de troca de calor e de fluxo de fluido é geralmente mais elevada para o nanofluido do que para o EG a 60%, com a diferença a aumentar com o número de Reynolds. Na entrada Re=5.000, a exergia destruída é aproximadamente 13,9% maior para o nanofluido do que para o EG 60%.

O nanofluido de 1% Al O_{23} /60% EG não melhora significativamente o desempenho numa serpentina de aquecimento de ar hidrónico nas condições testadas. Embora o nanofluido gere marginalmente uma taxa de calor mais elevada para um número de Reynolds igual, isto acontece à custa de uma taxa mais elevada de destruição de exergia. É provável que o mesmo nanofluido tenha um desempenho significativamente melhor a temperaturas mais elevadas. Isto deve-se ao facto de, no caso dos nanofluidos, à medida que a temperatura aumenta, o movimento browniano das nanopartículas em suspensão aumenta, conduzindo a uma condutividade térmica mais elevada e a viscosidade diminui significativamente.

2.7 Nomenclatura

A	Área total de transferência de calor (m)^2
B	Exergia (J)
c_p	Calor específico (J/kg$\square$K)
CFM	Pés cúbicos por minuto
d_p	Diâmetro das partículas (m)
D	Diâmetro da tubagem (m)
f	Fator de atrito de Darcy
G	Velocidade da massa (kg/m^2 ·s)
GPM	Galões por minuto
g	Aceleração gravitacional (m/s)^2
h	Coeficiente de transferência de calor por convecção (W/m^2 ·K)
j	Parâmetro de transferência de calor das alhetas
k	Condutividade térmica (W/m$\square$K)
L	Comprimento (m)
LMTD	Diferença de temperatura média registada
n	Número de observações
$\dot{m}$	Caudal mássico (kg/s)
Nu	Número de Nusselt (hD_i /k)
ΔP	Queda de pressão (Pa)
Pr	Número de Prandtl (c_p μ/k)
$\dot{Q}$	Taxa de calor (W)
r	Raio exterior da tubagem (m)
Re	Número de Reynolds ($\rho V D_i$ /μ)
T	Temperatura (K)
U	Coeficiente global de transferência de calor (W/m^2 ·K)
$\dot{V}$	Caudal volumétrico (m^3 /s)
$\dot{W}$	Potência de bombagem (W)

Símbolos gregos

α	Difusividade térmica ($k/\rho c$)$_p$

ε	Rugosidade do tubo (m)
κ	Constante de Boltzmann ($1,3806503 \times 10^{-23}$ m^2 kg/s^2 K)
μ	Viscosidade dinâmica (mPa·s)
η	Eficiência das alhetas
φ	Concentração volumétrica
ρ	Densidade (kg/m)^3

Subscritos

ar	Ar
i	No interior
em	Entrada
bf	Fluido de base
liq	Líquido
nf	Nanofluido
o	No exterior
saída	Saída
s	Nanopartículas
w	Água

2.8 Referências:

[1]   S.K. Das, S.U.S. Choi, W. Yu, T. Pradeep, Nanofluids: Science and Technology, Wiley, Hoboken, NJ, 2008

[2]   W.J. Minkowycz, E.M. Sparrow, J.P. Abraham, Nanoparticle Heat Transfer and Fluid Flow, CRC Press/Taylor & Francis Group, Boca Raton, FL, 2013.

[3]   Pak, B.C., e Cho, Y.I., 1998, "Hydrodynamic and Heat Transfer Study of Dispersed Fluids With Submicron Metallic Oxide Particles," Experimental Heat Transfer (11), pp. 151-170.

[4]   Vajjha, R., Das, D.K., Kulkarni, D., "Development of New Correlation for Convective Heat Transfer and Friction Fator in Turbulent Regime for Nanofluids," International Journal of Heat and Mass Transfer, 53 (2010) 4607-4618.

[5]   Xuan, Y. e Li, Q., "Investigation of Convective Heat Transfer and Flow Features of Nanofluids," Journal of Heat Transfer, 125 (2003), pp. 151-155.

[6]   Strandberg, R. Das, D.K., "Hydronic Coil Performance Evaluation With Nanofluids and Conventional Heat Transfer Fluids," ASME Journal of Thermal Systems and Engineering Applications, 1 (2009), 8 Pages.

[7]   Pandey, S.D., Nema, V.K., "Experimental Analysis if Heat Transfer and Friction Fator of Nanofluid as a Coolant in a Corrugated Plate Heat Exchanger," Experimental Thermal and Fluid Science, 38 (2012) 248-256.

[8]   Farajollahi, B., Etemad, S.Gh., Hojjat, M., "Heat Transfer of Nanofluids in a Shell and Tube Heat Exchanger," International Journal of Heat and Mass Transfer, 53 (2010) 12-17.

[9]   Peyghambarzadeh , S.M., Hashemabadi, S.H., Seifi Jamnani, M., Hoseini, S.M., "Melhorar o desempenho de arrefecimento de um radiador de automóvel com Al O_{23} /Water Nanofluid," Applied Thermal Engineering, 31 (2011), 1833-1838.

[10]   Peyghambarzadeh , S.M., Hashemabadi, Hoseini, S.M., S.H., Seifi Jamnani, M., "Experimental Study of Heat Transfer Enhancement Using Water/Ethylene Glycol Based Nanofluids as a New Coolant for Car Radiators," Applied Thermal Engineering, 38 (2011), 1283-1290.

[11]   Ray, D.R., Das, D.K., Vajjha, R.S.. "Investigações experimentais e numéricas do desempenho de nanofluidos em um trocador de calor de placas de minicanal compacto". International Journal of Heat and Mass Transfer 71 (2014): 732-46.

[12]   ASHRAE Handbook, Fundamentals, 2005, American Society of Heating, Refrigeration and Air - Conditioning Engineers, Inc., Atlanta, GA, Ch. 21.

[13]   Bejan, A., 1993, Heat Transfer, John Wiley and Sons, New York, App. D.

[14]   Vajjha, R., Das, D.K., "Measurement of Thermal of Conductivity of Three Nanofluids and Development of New Correlations," Int. J. Heat and Mass Transfer, 52 (2009), 4675-4682.

[15]   Koo, J. e Kleinstreuer, C., 2004, "A New Thermal Conductivity Model for Nanofluids," Journal of Nanoparticle Research, (6), pp. 577-588.

[16]   Hamilton, R.L. e Crosser, O.K., 1962, "Thermal Conductivity of Heterogeneous Two -Component Systems," Industrial and Chemical Engineering (1), pp. 187-191.

[17]   Blasius, P. R. H. 1913. "Das Aehnlichkeitsgesetz bei Reibungsvorgangen in Flüssigkeiten", Forschungsheft 131, 1-41

[18]   Churchill, S.W. 1977, "Friction Fator Equation Spans All Fluid Flow Regimes," Chemical Engineering, 84(24):91-92.

[19]   White, F. M., Viscous Fluid Flow, 2nd Ed., 1991, McGraw Hill, New York.

[20]   Shah, R.K., Sekulic, D.P., 1998, "Heat Exchangers," Ch. 17, Handbook of Heat Transfer, Ed. Rohsenow, W.M., Hartnett, J.P., Cho, Y.I., McGraw-Hill, Nova Iorque.

[21]   F.W. Dittus, L.M.K. Boelter, "Heat Transfer in Automobile Radiators of the Tubular Type," International Communications in Heat and Mass Transfer, 1985, 12(1), pp. 3-22.

[22] Petukhov, B., Popov, V., "Theoretical Calculations of Heat Exchange and Frictional Resistance in Turbulent Flow in Tubes of an

Incompressible Fluid With Variable Physical Properties," High Temp, 1(1963) 69-83.

[23] Abraham, J.P., et al., "Heat Transfer in All Pipe Flow Regimes: Laminar, Transition/Intermittent, and Turbulent," International Journal of Heat and Mass Transfer, 52(2009) 557-563.

[24] Gnielinski, V., Heat Exchanger Design Handbook, Single Phase Convective Heat Transfer: Forced Convection in Ducts, Heat Exchanger Design Updates, Begell House, 1999, Capítulo 5.

[25] McQuiston, F.C., Parker, J.D., Spitler, J.D., 2005, Heating, Ventilating, and Air Conditioning Analysis and Design, 6th ed., John Wiley and Sons, Ch. 6.

CHAPTER 3: <u>AVALIAÇÃO DO DESEMPENHO DE ARREFECIMENTO EM MICROCANAIS DE NANOFLUIDOS DE AL O$_{23}$, SIO$_2$ E CUO USANDO CFD</u>[2]

<u>**Resumo**</u>:

Neste estudo, o desempenho de um dissipador de calor de microcanais (MCHS) preenchido com vários nanofluidos e o fluido de base correspondente sem nanopartículas é examinado utilizando um modelo de volume finito tridimensional conjugado de transferência de calor e dinâmica de fluidos numa série de condições. O modelo incorpora um fluxo de calor fixo de 1.000.000 W/m^2 na base do domínio sólido. As propriedades termofísicas dos fluidos são baseadas em correlações obtidas empiricamente e variam com a temperatura. Os nanofluidos considerados incluem soluções de 60% de etilenoglicol/40% de água com nanopartículas de CuO, SiO$_2$ e Al O$_{23}$ dispersas em concentrações volumétricas que variam de 1 a 3%. As condições de fluxo analisadas estão na faixa laminar (50$\leq$Re$\leq$300) e consideram várias temperaturas de entrada. As análises preveem que, quando comparado com um número de Reynolds igual, o nanofluido 60%EG/3% CuO apresenta o maior coeficiente de transferência de calor e a maior redução na temperatura média de base. Com um número de Reynolds de entrada de 300 e uma temperatura de entrada de 308K, prevê-se que o nanofluido tenha um

[2] Strandberg, Roy, Dustin Ray e Debendra Das. "Avaliação do desempenho de resfriamento de microcanais de Al O$_{23}$, SiO$_2$ e CuO Nanofluids usando CFD" Jornal de pesquisa de transferência de calor e massa, Vol.4, No.1 (2020): 1-24.

coeficiente médio de transferência de calor 30% superior ao do fluido de base, enquanto a temperatura média na base do permutador de calor é 1K inferior à do fluido de base. Em contrapartida, a pressão de entrada necessária para estas condições de entrada é 192% superior à do fluido de base, enquanto a potência hidráulica necessária para acionar o fluxo é 366% superior à do fluido de base.

3.1 Introdução

Os nanofluidos são fluidos coloidais de transferência de calor que são compostos por um "fluido de base" convencional, como glicol, água ou óleo, que contém nanopartículas numa suspensão estável. As nanopartículas têm normalmente uma dimensão caraterística da ordem dos 100nm. Foi demonstrado que estes fluidos apresentam uma condutividade térmica significativamente melhorada em comparação com os fluidos convencionais. Em alguns casos, o aumento da condutividade térmica excede significativamente o previsto por correlações previamente desenvolvidas para líquidos com sólidos em suspensão [1, 2]. Nos últimos anos, tem havido uma grande quantidade de investigação dedicada à caraterização das propriedades de transporte dos nanofluidos e à determinação da possibilidade de explorar as suas caraterísticas para melhorar o desempenho dos processos de transferência de calor. Chon et al. [3] efectuaram um estudo experimental da condutividade térmica de nanofluidos constituídos por água desionizada com nanopartículas de alumina com tamanhos compreendidos entre 11 nm e 150 nm. Este trabalho parece validar o modelo teórico proposto por Jang e Choi [4] para nanofluidos deste tipo. Chon et al. concluíram também que a condutividade térmica dos nanofluidos aumenta com a temperatura e com a diminuição do tamanho das partículas. Mais recentemente, uma série de estudos publicados produziu um conjunto bastante abrangente de dados sobre propriedades de transporte para nanofluidos compostos por $Al\,O_{23}$ e CuO dispersos em 60% de etilenoglicol (EG). Vajjha e Das [5] realizaram um trabalho experimental que produziu correlações baseadas na forma desenvolvida por Koo e Kleinstreuer [6] para a condutividade térmica de nanofluidos de CuO/60% EG e $Al\,O_{23}$/60% EG em gamas relativamente amplas de temperatura e concentrações volumétricas. Outras correlações pormenorizadas para a viscosidade e o calor específico foram desenvolvidas por Namburu et al. [7] e Vajjha e Das [8], respetivamente. Os dissipadores de calor de microcanais (MCHS) são dispositivos que utilizam fluidos que fluem através de canais extremamente pequenos, alternados com alhetas, para facilitar a transferência de calor. Estes dispositivos foram desenvolvidos para apoiar o funcionamento da eletrónica e de outras aplicações em que é necessária uma rejeição de calor de alta densidade. No caso em que um dispositivo gerador de calor (como um circuito integrado) é colocado em contacto direto com o

MCHS, o calor é conduzido através da base para as alhetas, enquanto o fluido que flui através dos canais extrai o calor principalmente por convecção, normalmente em regime laminar. A Figura 1 ilustra a configuração considerada para este estudo. Os MCHS, devido à sua geometria, têm uma área de superfície de transferência de calor relativamente grande em relação a dissipadores de igual volume mas com canais maiores. Os nanofluidos foram investigados em estudos experimentais e análises numéricas anteriores no que respeita à sua potencial utilização em dissipadores de calor de microcanais. Faulkner et al. [9] realizaram um estudo experimental utilizando nanofluidos de base aquosa, demonstrando o potencial de desempenho dos nanofluidos em relação aos fluidos de transferência de calor convencionais quando utilizados num dissipador de calor com canais de fluxo extremamente pequenos. Os nanofluidos testados incluíram nanopartículas de $Al\,O_{23}$ e outras nanopartículas dispersas em água. As suas experiências foram realizadas com dissipadores de calor com canais de 0,5 mm de largura e 6 mm de profundidade. Estas dimensões são maiores do que as vagamente definidas como pertencentes à categoria de microcanais, no entanto, os resultados do estudo continuam a oferecer informações sobre o fluxo e as caraterísticas de transferência de calor dos dissipadores de calor de microcanais. O seu estudo demonstrou que estes dissipadores de calor de meso-canais com nanofluidos alcançaram com sucesso elevadas taxas de extração de calor em condições de fluxo laminar. Ho, et al. [10] efectuaram um estudo experimental para testar o desempenho térmico de um MCHS de cobre com nanofluido de Al O_{23} /água contra o da água para 226<Re<1,676. Os autores mediram um aumento substancial no coeficiente de transferência de calor interno para os nanofluidos em relação ao da água na gama de números de Reynolds testados. Lee e Mudawar [11], Peng, et al. [12] e Jung, et al. [13] também realizaram estudos experimentais com nanofluidos em MCHS e concluíram que os MCHS preenchidos com nanofluidos testados ofereciam taxas mais elevadas de rejeição de calor do que os MCHS preenchidos com o fluido de base.

Chein e Huang [14] efectuaram um estudo computacional utilizando correlações de propriedades de transporte teóricas e empiricamente determinadas para nanofluidos para analisar o desempenho de um MCHS com um nanofluido Cu/água em várias concentrações. Koo e Kleinstreuer [15] também efectuaram uma análise do desempenho do MCHS com nanofluidos utilizando uma variedade de modelos teóricos para a transferência de calor e propriedades reológicas. Desenvolveram um modelo numérico para a transferência de calor em microcanais rectangulares com 100 μm de largura e 300 μm de profundidade, com um fluxo laminar constante e um fluxo de calor constante. Os investigadores concluíram que os dissipadores de calor em microcanais podem oferecer um melhor desempenho de transferência de calor com nanofluidos (em comparação com os que utilizam fluidos de transferência de calor convencionais). Jang e Choi [16] efectuaram outro estudo computacional do desempenho do MCHS utilizando modelos teóricos das propriedades de transporte dos nanofluidos. A sua análise previu uma melhoria de 10% no calor rejeitado pelo dissipador de calor preenchido com nanofluido em comparação com o dissipador de calor com um fluido convencional, quando a energia de bombagem foi mantida constante. Leela [17] efectuou um estudo numérico do MCHS preenchido com nanofluido Al O_{23} /água em várias concentrações e considerando vários diâmetros de nanopartículas numa gama de números de Reynolds. O estudo mostrou que o nanofluido melhorou a transferência de calor em relação ao fluido de base. Snoussi et al. [20] apresentaram resultados de cálculos de fluxo laminar utilizando o código CFD Fluent num dissipador de calor de microcanais utilizando nanofluidos de óxido de alumínio e cobre à base de água. Os seus resultados mostram um aumento de 14-20% no desempenho da transferência de calor pelos nanofluidos em relação à água pura.

Durante as duas últimas décadas, devido aos avanços constantes na eletrónica militar e civil de bordo e espacial e ao aumento associado da sua densidade, a necessidade de uma gestão térmica mais eficaz aumentou paralelamente. Estes desafios podem ser superados através do desenvolvimento de dissipadores de calor e placas frias de microcanais compactos. A enciclopédia de Bar-Cohen [18] é uma boa fonte para obter as equações fundamentais, as análises térmicas e fluidodinâmicas e as técnicas de otimização para a conceção deste tipo de equipamento de arrefecimento. Para fazer face aos fluxos de calor de elevada densidade gerados nestes novos dispositivos, os investigadores estão também a explorar fluidos de arrefecimento mais eficientes, como os nanofluidos. A transferência de calor em duas fases e o escoamento em microcanais e os fenómenos de fluxo de calor crítico com nanofluidos em sistemas de arrefecimento em eletrónica são descritos em pormenor por Thome [19].

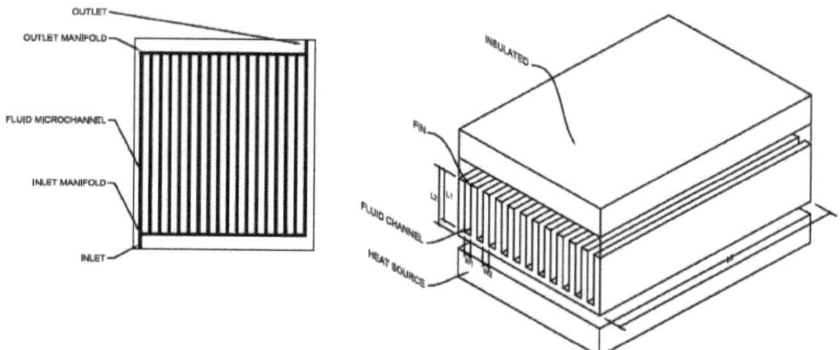

Figura 3.1. Configuração do dissipador de calor de microcanais.

O objetivo deste estudo é examinar o desempenho de um dissipador de calor de microcanais com nanofluidos e o fluido de base associado, utilizando um modelo computacional de volumes finitos. Será comparado o desempenho do MCHS com uma solução de 60% (em massa) de etilenoglicol/água (o fluido de base) e vários nanofluidos diferentes em várias concentrações. O ponto de congelação do fluido de base é de -48,3° C [21], o que torna o fluido adequado para determinadas aplicações aeronáuticas e espaciais. As nanopartículas consideradas incluem óxido de cobre (CuO), óxido de alumínio (Al O_{23}) e dióxido de silício (SiO_2), em concentrações volumétricas que variam até 3%. O modelo desenvolvido para a análise é um domínio tridimensional composto por domínios sólidos e líquidos. O domínio sólido representa a aleta e o domínio líquido representa o fluido de transferência de calor que flui através do permutador de calor. Os domínios do líquido e do sólido são acoplados matematicamente na fronteira para permitir a troca de dados durante a simulação, facilitando assim a geração de soluções para os problemas de transferência de calor e de dinâmica dos fluidos colocados. Com exceção do estudo de Chein e Huang [14] mencionado anteriormente, todos os estudos computacionais [15-17] dependem de modelos teóricos para as propriedades de transporte dos nanofluidos. No presente estudo, as propriedades de transporte dos nanofluidos examinados baseiam-se em dados empíricos. Além disso, as dependências de temperatura das propriedades de transporte dos fluidos são incorporadas no modelo. Por esta razão, esta análise oferece o potencial para melhores resultados de modelação MCHS do que os de outros estudos. Além disso, o presente estudo examina o desempenho de uma gama mais vasta de nanopartículas e concentrações do que noutros estudos já documentados.

3.2 Teoria

Nesta análise, o desempenho do MCHS é analisado com fluidos de transferência de calor de várias composições diferentes. Estas incluem uma solução de 60% de etilenoglicol/40% de água (doravante designada por 60% EG) e três tipos de nanofluidos compostos por um fluido de base de 60% EG com nanopartículas de CuO, Al O_{23} ou SiO_2 , uniformemente dispersas em concentrações volumétricas de 1%, 2% e 3%. Os dados das propriedades termofísicas do EG a 60% foram retirados do ASHRAE Fundamentals [21].

Para todos os ajustes de curva aplicados aos dados de propriedade de 60% EG (Eqs. 1, 3, 6 e 8 abaixo), R^2 >0,99. Estas correlações são aplicáveis a 60% de EG entre 273K < T < 370K.

Densidade: Para a densidade do EG 60%, foi aplicada uma curva polinomial aos dados ASHRAE. A equação para a curva ajustada é

$$\left(\frac{\rho}{\rho_o}\right)_{bf} = A + B\left(\frac{T}{T_o}\right) + C\left(\frac{T}{T_o}\right)^2 \tag{1}$$

onde ρ_o =1091.66 kg/m^3 , To = 273.15K, A=0.9247, B=0.2414, e C=-0.1661. R^2 =1, e o erro de ajuste da curva é de 0,01%. Pak e Cho [1] adoptaram pela primeira vez uma relação para a densidade efectiva dos nanofluidos com base em trabalhos anteriores sobre misturas de fluidos/micropartículas. A sua correlação é utilizada para calcular a densidade do nanofluido nas análises seguintes. A relação é a seguinte

$$\rho_{nf} = \phi\rho_s + (1 - \phi)\rho_{bf} \tag{2}$$

Onde os subscritos *nf, s* e *bf* significam nanofluido, nanopartículas sólidas e fluido de base, respetivamente

Calor específico: Para o calor específico do EG a 60%, foi aplicada a seguinte curva de ajuste aos dados ASHRAE. A equação para a curva ajustada é:

$$\left(\frac{c_p}{c_{p,o}}\right)_o = A + B\left(\frac{T}{T_o}\right) \tag{3}$$

Onde $c_{p,o}$ =3042.02 J/kg-K, A=0.6185 e B=-0.3814. R^2 =1, e o erro de ajuste da curva é de 0,01%. Buongiorno [22] desenvolveu uma relação para o calor específico efetivo dos nanofluidos. A correlação de Buongiorno é utilizada para avaliar o calor específico dos nanofluidos de CuO e SiO_2. A correlação é a seguinte

$$c_{p,nf} = \frac{\phi\rho_s c_{p,s} + (1 - \phi)\rho_{bf} c_{p,bf}}{\rho_{nf}} \tag{4}$$

A partir de experiências com nanopartículas de Al O_{23} em 60% de EG, Vajjha e Das [8] desenvolveram uma correlação de calor específico. Esta correlação é expressa da seguinte forma

$$\frac{c_{p,nf}}{c_{p,bf}} = \frac{\left(\left(A\frac{T}{T_0}\right) + B\left(\frac{c_{p,s}}{c_{p,bf}}\right)\right)}{(C + \phi)} \tag{5}$$

onde A = 0,24327, B=0,5179 e C=0,4250 (todos estes parâmetros são adimensionais) e 315 K< T < 363 K; 0,01< φ< 0,1. Além disso, c_p está em kJ/(kg-K).

Viscosidade: Para a viscosidade da água (em Pa· s), foi selecionada uma correlação apresentada em White [24]. A equação é a seguinte

$$ln\ ln\ \left(\frac{\mu}{\mu_o}\right)_w = A + B\left(\frac{T_o}{T}\right) + C\left(\frac{T_o}{T}\right)^2 \tag{6}$$

em que T_o =273,15 K e μ_o =0,001792 Pa· s, A=-1,94 B=-4,80 e C=6,74, com uma exatidão de $\pm$ 1%.

Para a viscosidade do EG a 60% (em Pa-s), foi utilizada uma equação semelhante. Esta correlação foi relatada em Ray [25] e foi desenvolvida a partir de dados apresentados em [21]. Para este líquido, μ_o = 0.01179$\frac{kg}{m\cdot s}$A=-4,976, B=-1,942 e C=6,9088. R^2 =1, e o erro de ajuste da curva é de 0,01%.

Vajjha e Das [23] apresentaram as seguintes correlações baseadas em experiências anteriores para calcular a viscosidade (em mPa-s) de nanofluidos compostos por nanopartículas de CuO, Al O_{23} e SiO_2 dispersas em 60% de fluido de base EG

$$\frac{\mu_{nf}}{\mu_{bf}} = Ae^{-B\cdot\phi} \tag{7}$$

$A = 0.9830$ e $B = 12.9590$ para Al O_{23} (d_p =*45nm*) com ϕ até 10% (0<ϕ <0.10)

$A = 0.9197$ e $B = 22.8539$ para o CuO (d_p =*29nm*) com ϕ até 6% (0<ϕ <0.06)

$A = 1.092$ e $B = 5.954$ para SiO$_2$ (d_p =*20nm*) com ϕ até 10% (0<ϕ <0.10)

Esta correlação de viscosidade foi desenvolvida para $273K < T < 360K$. O desvio máximo das curvas ajustadas em relação aos dados experimentais foi de 8%.

Condutividade térmica: Para a condutividade térmica do EG a 60%, foi aplicado um ajuste de curva polinomial aos dados ASHRAE. A equação deste ajuste de curva é

$$\left(\frac{k}{k_o}\right)_{bf} = A + B\left(\frac{T}{T_o}\right) + C\left(\frac{T}{T_o}\right)^2 \tag{8}$$

Onde k_o =0,342 W/m-K, A=-0,2939 B=1,981 e C=-0,6868. R^2 =0,999, e o erro de ajuste da curva é de 0,11%.

A partir de experiências com nanopartículas de CuO e Al O_{23} dispersas em 60% de EG, Vajjha e Das [5] desenvolveram uma correlação de condutividade térmica baseada numa melhoria do modelo de Koo-Kleinstreuer [6].

$$k_{nf} = \left(\frac{k_s + 2k_{bf} - 2\phi(k_{bf} - k_s)}{k_s + 2k_{bf} + \phi(k_{bf} - k_s)}\right) k_{bf} + 5 \tag{9a}$$

$$\times\, 10^4 \beta\phi\rho_{bf}c_{p,bf}\sqrt{\frac{\kappa T}{\rho_s d_p}}\, f(T,\phi)$$

Onde

$$f(T,\phi) = (2.8217 \times 10^{-2}\phi + 3.917 \times 10^{-3})\frac{T}{T_o} \tag{9b}$$
$$-\, (3.0669 \times 10^{-2}\phi + 3.91123 \times 10^{-3})$$

Para nanofluidos compostos por nanopartículas de Al O_{23} ,

$$\beta = 8.4407(100\phi)^{-1.07304} \tag{9c}$$

enquanto que para os nanofluidos constituídos por nanopartículas de CuO,

$$\beta = 9.881(100\phi)^{-0.9446} \tag{9d}$$

para nanofluidos constituídos por nanopartículas de SiO_2 ,

$$\beta = 1.9526(100\phi)^{-1.4594} \tag{9e}$$

A Eq. (9e) é de Sahoo [26].

Estas correlações são válidas para 293K<T<363K. Para Al O_{23} 0,01< φ<0,10, enquanto que para CuO 0,01< φ<0,06. Para o SiO_2 0,01< φ<0,10. O desvio médio da correlação em relação aos dados experimentais é de 0,23%, 5,74% e 1,16%, respetivamente.

O primeiro termo da Eq. (9a) é a conhecida equação de Hamilton-Crosser [27] para calcular a condutividade térmica de uma substância bifásica (partículas sólidas numa matriz líquida). O segundo termo da mesma equação foi desenvolvido para ter em conta o movimento browniano associado às nanopartículas que aumenta a condutividade térmica do fluido.

Para esta análise, todas as propriedades termofísicas são avaliadas para nanopartículas de Al O_{23} com um diâmetro de 45 nm; as nanopartículas de CuO têm um diâmetro médio de 29 nm; e as nanopartículas de SiO_2 têm um diâmetro médio de 20 nm.

3.3 Parâmetros de fluxo de fluido

O número de Reynolds do fluxo de líquido através do microcanal é calculado utilizando a equação

$$Re = \frac{\rho V D_h}{\mu} \tag{10}$$

O número de Nusselt para escoamentos monofásicos num microcanal retangular depende da geometria e das condições de fronteira. Este parâmetro adimensional representa a razão entre a transferência de calor por convecção e por condução através de uma fronteira. De Kandalikar et al. [28], para uma condição de fronteira de temperatura constante, o número de Nusselt médio é calculado utilizando a seguinte correlação:

$$Nu_T = 7.541(1 - 2.610\alpha_c + 4.970\alpha_c^2 - 5.119\alpha_c^3 \\ + 2.702\alpha_c^4 - 0.548\alpha_c^5) \tag{11a}$$

Onde α_c é o rácio de aspeto. Para uma temperatura constante da parede circunferencial e um fluxo de calor axial uniforme, a condição de fronteira do número de Nusselt é

$$Nu_{H1} = 8.235(1 - 2.0421\alpha_c + 3.0853\alpha_c^2 - 2.4765\alpha_c^3 \\ + 1.0578\alpha_c^4 - 0.1861\alpha_c^5) \tag{11b}$$

Para um fluxo de calor circunferencial e axial constante, a correlação do número de Nusselt é

$$Nu_{H1} = 8.235(1 - 10.6044\alpha_c + 61.1755\alpha_c^2 \qquad (11c$$
$$- 155.1803\alpha_c^3 + 176.9203\alpha_c^4 - 72.9236\alpha_c^5) \qquad)$$

O parâmetro α_c é a relação de aspeto do microcanal (largura/altura).

Estas correlações partilham uma caraterística fundamental. Ou seja, o número de Nusselt depende apenas da geometria, em vez do número de Reynolds e de Prandtl, como nas correlações aplicáveis a escoamentos no regime turbulento. Isto representa uma divergência em relação a escoamentos dimensionalmente semelhantes a escalas maiores, em que o número de Nusselt em escoamentos laminares totalmente desenvolvidos não depende do rácio de aspeto. Muitas vezes, o número de Nusselt em regimes de escoamento laminar é constante. Devido às configurações de escoamento e à viscosidade dos fluidos, espera-se que o número de Reynolds permaneça tipicamente na gama laminar. Estas correlações baseiam-se em estudos de líquidos monofásicos; os estudos de nanofluidos centraram-se na possibilidade teórica de as nanopartículas suspensas aumentarem a transferência de calor por convecção através de mecanismos exclusivos dos nanofluidos. Estes efeitos podem incluir efeitos como a termoforese ou a dispersão térmica, e teoriza-se que aumentam a eficácia da transferência de calor por convecção (não obstante o aumento da condutividade térmica). Por simplicidade, usamos a relação monofásica para este estudo.

Note-se que, devido às pequenas dimensões físicas de um MCHS, os efeitos de entrada podem não ser necessariamente negligenciados sem mais considerações. Uma investigação anterior efectuada por Han [29] mostrou que o comprimento hidrodinâmico de entrada para um MCHS pode ser calculado utilizando as relações:

$$L_h = 0.026 D_h Re \qquad (12)$$

Em que L_h é o comprimento da entrada hidráulica, Dh é o diâmetro hidráulico e Re é o número de Reynolds do líquido

Investigadores anteriores recolheram dados sobre os números de Nusselt na região de desenvolvimento térmico para MCHS com canais rectangulares de vários rácios de aspeto com fluidos convencionais. Estes dados são caracterizados por uma região muito curta em que o número de Nusselt desce abruptamente até cerca de 10% do valor totalmente desenvolvido (ao longo de cerca de 2,5% do comprimento teórico da zona de entrada térmica) e, em seguida, desce continuamente até ao valor totalmente desenvolvido. Este perfil do número de Nusselt na região de entrada é típico para o α_c aqui estudado. Dependendo de uma variedade de factores, a região de entrada térmica pode exceder o comprimento do MCHS. Nestes casos, o número de Nusselt médio considerando o perfil térmico da região de entrada é maior do que o valor totalmente desenvolvido. A partir de [28], foram aplicados os seguintes polinómios para gerar curvas do número de Nusselt para efeitos de comparação:

$$Nu_{fd,3} = \frac{8.2321 + 1.2771\alpha_c + 2.2389\alpha_c{}^2}{1 + 2.0263\alpha_c + 0.29805\alpha_c{}^2 + 0.0065322\alpha_c{}^3} \tag{13a}$$

$$Nu_{fd,4} = \frac{8.2313 - 2.295\alpha_c + 7.928\alpha_c{}^2}{1 + 1.9349\alpha_c + 0.92381\alpha_c{}^2 + 0.0033937\alpha_c{}^3} \tag{13b}$$

$$Nu_{z,4} = \frac{36.738 + 17559z^+ + 555480(z^+)^2}{1 + 2254z^+ + 66172(z^+)^2 + 1212.6(z^+)^3} \text{ for } \alpha c = 0.1. \tag{13c}$$

$$Nu_{z,4} = \frac{30.354 + 13842z^+ + 783440(z^+)^2}{1 + 1875.4z^+ + 154970(z^+)^2 - 8015.1(z^+)^3} \text{ para } \alpha_c = 0,25. \tag{13d}$$

Quando os subscritos "*fd*" nas equações (13a) e (13b) indicam o escoamento totalmente desenvolvido, os subscritos "*3*" e "*4*" indicam o aquecimento de 3 ou 4 lados através das paredes do permutador de calor.

Ao calcular *Nu* na região de entrada térmica, a coordenada axial não-dimensional é definida pela seguinte equação:

$$z^+ = \frac{\frac{z}{D_h}}{RePr} \tag{14}$$

Onde *z* é a coordenada axial no domínio, e o número de Reynolds e o número de Prandtl são calculados à entrada do domínio.

Para este estudo, $\alpha_c = 0,143$. Para calcular o $Nu_{z,3}$ para este α_c é utilizada a interpolação entre $\alpha_c = 0,1$ e $\alpha_c = 0,25$. Kandlikar [28] prescreve a seguinte equação para calcular o número de Nusselt na região de desenvolvimento térmico do domínio:

$$Nu_{z,3}(z^+, \alpha_c) = Nu_{z,4}(z^+, \alpha_c) \frac{Nu_{fd,3}(z^+ = z_{fd}^+, \alpha_c)}{Nu_{fd,4}(z^+ = z_{fd}^+, \alpha_c)} \qquad (15)$$

Para esta análise, o número de Nusselt local e o coeficiente de transferência de calor são calculados utilizando os valores do fluxo de calor em várias secções. O coeficiente de transferência de calor no interior (ao longo do perímetro da aleta) é calculado utilizando a seguinte expressão:

$$h_i = \frac{q''}{(T_w - T_b)} \qquad (16)$$

A temperatura da parede (T_w) utilizada no cálculo é obtida através da média da temperatura ao longo da secção da parede. A temperatura da massa (T_b) é obtida através do cálculo da temperatura média da massa ao longo da secção transversal. O número de Nusselt pode então ser calculado utilizando a relação padrão:

$$h_i = \frac{Nu \cdot k}{D_h} \qquad (17)$$

O coeficiente de transferência de calor "interior" é referido como tal em referência ao fluxo interno através do microcanal. Os microcanais, com dimensões caraterísticas extremamente pequenas (D_h), podem assim apresentar um coeficiente de transferência de calor convectivo interior proporcionalmente maior.

3.4 Resistência térmica

A resistência térmica à transferência de calor para um dissipador de calor de microcanais pode ser expressa da seguinte forma (de Chein e Huang [14]):

$$R_{th} = \frac{T_{w,max} - T_{f,in}}{q''} \qquad (18)$$

Da equação (18), q'' representa a taxa de rejeição de calor da fonte de calor para o líquido de transferência de calor através do MCHS.

Para este estudo, o valor da condutividade térmica para o silício puro foi utilizado para todos os cálculos (k_s =180 W/m· K), com propriedades constantes.

3.5 Perda de pressão por fricção

O número de Poiseuille (*Po*) é definido como:

$$Po = fRe \qquad (19)$$

Onde *f* é o fator de atrito de Darcy e *Re* é o número de Reynolds.

Shah e London [30] desenvolveram a seguinte correlação para calcular o número de Poiseuille para escoamentos laminares totalmente desenvolvidos num canal retangular:

$$f = 24(1 - 1.3553\alpha_c + 1.9467\alpha_c^2 - 1.7012\alpha_c^3 \qquad (20)$$
$$+ 0.9564\alpha_c^4 - 0.2537\alpha_c^5)$$

Kandlikar [28] desenvolveu as seguintes correlações para calcular o número de Poiseuille na região de desenvolvimento do escoamento para diferentes razões de aspeto:

$$f = \frac{142.1 + 376.69(z^*)^{0.5} + 14010z^*}{1 - 7.3374(z^*)^{0.5} + 800.92z^* - 33.894(z^*)^{1.5}} \quad \text{para } \alpha_c = 0{,}2 \tag{21}$$

$$f = \frac{286.65 + 337.81(z^*)^{0.5} + 26415z^*}{1 + 25.701(z^*)^{0.5} + 1091.5z^* + 8.4098(z^*)^{1.5}} \quad \text{para } \alpha_c = 0{,}1 \tag{22}$$

No cálculo de *fRe*, a coordenada axial não-dimensional é definida pela seguinte equação:

$$z^* = \frac{\dfrac{z}{D_h}}{Re} \tag{23}$$

A perda de pressão por atrito através do canal de líquido do MCHS está relacionada com o fator de atrito médio de Fanning através da seguinte equação:

$$\Delta p = \frac{2f\rho V^2 L}{D_h} \tag{24}$$

O fator de atrito está também relacionado com a tensão de corte na parede através da seguinte relação:

$$f = \frac{2 \cdot \tau_w}{\rho V^2} \tag{25}$$

O número de Poiseuille aparente é encontrado utilizando a seguinte expressão:

$$f = \frac{\Delta p D_h^{\,2}}{2\mu V L_c} \tag{26}$$

Onde *f* é o fator de atrito de Fanning.

3.6 Modelo de volume finito

As equações que regem o modelo de volumes finitos são as descritas abaixo:

    i) Para o domínio líquido

(1) Conservação da massa/Continuidade

(a) $\left(\nabla \cdot \overline{V}\right) = 0$

(2) Conservação do momento

(a) $\rho\left(\nabla \cdot \overline{V}\right)\overline{V} = -\nabla\overline{P} + \mu\left(\nabla^2\overline{V}\right) - \rho\left(\nabla \cdot \overline{V'V'}\right)$

(3) Conservação da energia

(a) $\rho C_p\left(\overline{V} \cdot \nabla\right)\overline{T} = k\left(\nabla^2\overline{T}\right) - \rho C_p\left(\nabla \cdot \overline{V'T'}\right)$

ii) Para o domínio sólido

(1) Equação energética do sólido:

(a) $\nabla^2 T = 0$

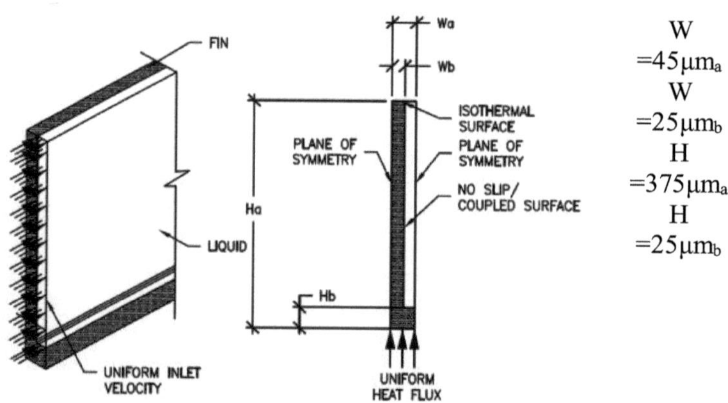

Figura 3.2. Diagrama dos domínios sólido e líquido.

O domínio modelado para este estudo está representado na Figura 3.2. Assume-se a existência do plano de simetria, uma vez que o modelo impõe um fluxo laminar no domínio do líquido. O comprimento total do domínio é de 1 cm. O diâmetro hidráulico do domínio do fluido é de 87,8 μm. Um fluxo de calor uniforme de 1.000.000 W/m^2 é aplicado uniformemente ao longo da base da secção da aleta. Na entrada (*z=0mm*) do canal, é aplicada uma velocidade e temperatura uniformes. Na saída (*z=10mm*) do canal, é aplicada a condição "outlet". Nos lados do domínio (*x=45μm*), é aplicada uma condição de fronteira de simetria. O topo do domínio (*y=375μm*) é isotérmico. A condição "no-slip" é imposta na interface entre os domínios sólido e líquido.

Este modelo e malha foram construídos e analisados utilizando o pacote de simulação Ansys Fluent 19.0. A malha é ilustrada na Figura 3.3. Foi utilizado o esquema de acoplamento pressão-velocidade SIMPLE. Os gradientes baseados em células de mínimos quadrados, as pressões de segunda ordem, o momento ascendente de segunda ordem e a discretização espacial da energia foram selecionados para utilização no método de solução do modelo.

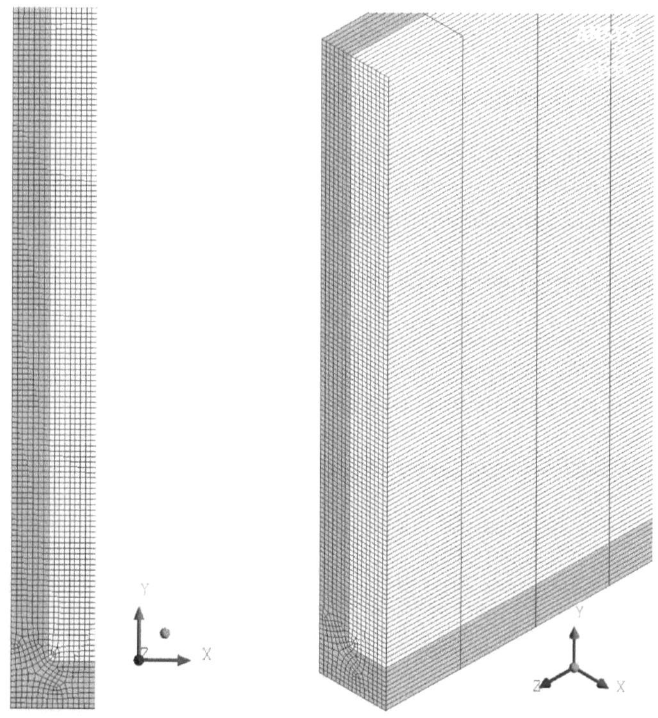

Figura 3.3. Vista isométrica e frontal da malha do modelo.

3.7 Estudo sobre a independência da rede

O domínio foi modelado com várias densidades de malha diferentes, num esforço para determinar a densidade necessária para garantir que a saída do modelo se aproxima de um ponto de saída estável.

Tabela 3.1. Estudo da densidade das malhas.

Malha	Total de elementos	Tamanho do elemento (μm)	N.º de divisões longitudinais	Pressão de entrada (Pa)	Temperatura de saída (K)
A	397,100	2.9	190	979,757	318.54
B	418,000	2.9	200	979,312	318.54

C	438,000	2.9	210	979,575	318.54
D	476,800	2.7	200	979,916	318.54
E	333,600	3.2	200	977,838	318.54
F	449,350	2.9	215	979,835	318.54

As condições de fronteira são definidas de forma idêntica para todas as malhas e as simulações foram efectuadas até ao fim. O material das alhetas é o silício. Para as execuções de validação do modelo, o fluido de trabalho líquido selecionado foi a água. Foram então extraídos vários resultados-chave do modelo. Os dados extraídos incluem:

- Temperatura média da massa no plano de saída do canal.

- Pressão média da área no plano de entrada do canal

- Temperatura do líquido no eixo z na base do plano de simetria dos canais

- Temperatura e velocidade do líquido ao longo do eixo y, no plano de simetria do líquido à saída do canal.

- Os resultados do estudo são apresentados no Quadro 3.1 e nas Figuras 3.4 e 3.5.

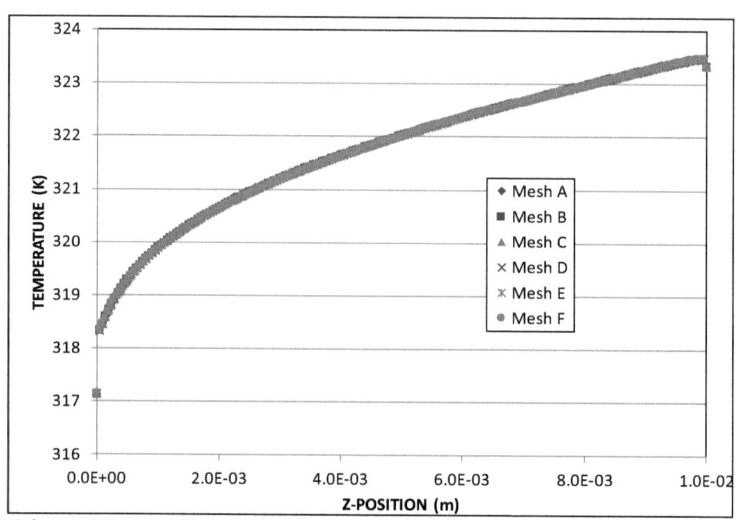

Figura 3.4. Perfil da temperatura do líquido no eixo de simetria na superfície do canal. (x=0, y=25µm)

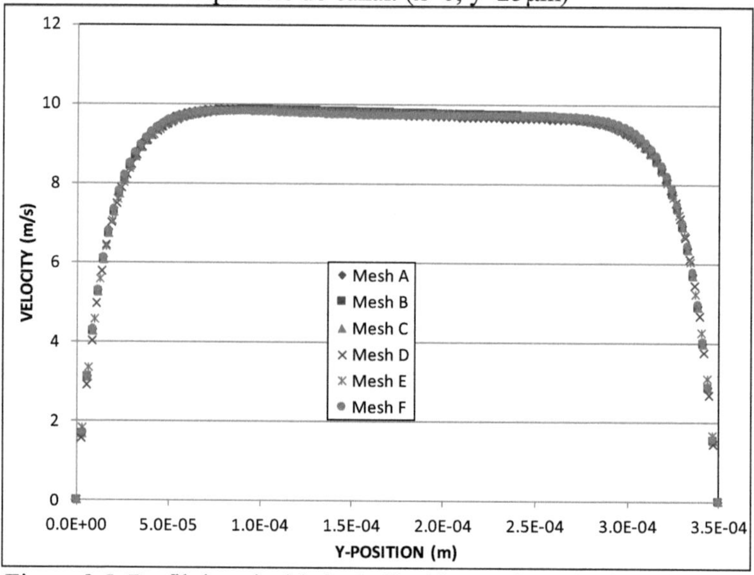

Figura 3.5. Perfil da velocidade do líquido no plano de simetria, x=0, z=10mm

Estes dados indicam que os resultados de todas as malhas são qualitativamente semelhantes e convergiram para a estabilidade. Com base nos resultados do estudo, foi selecionada a configuração de malha C.

Foi efectuada outra série de testes para determinar os valores residuais críticos na resolução do sistema de equações. Ao observar a alteração dos resíduos à medida que o solucionador itera, tornou-se claro que o resíduo da equação da velocidade z era crítico, uma vez que convergia mais lentamente e parecia ter o efeito mais significativo nos resultados. Foram examinados três valores residuais diferentes quanto ao seu impacto nos resultados do modelo: [-5][-6][-7]Considerando esta gama de resíduos, a pressão média de entrada calculada diminuiu 0,03% quando o resíduo diminuiu de 1×10^{-5} para 1×10^{6} , e apenas 0,0001% quando o resíduo diminuiu de 1×10^{-6} para 1×10^{-7} . Por conseguinte, o resíduo para a equação da velocidade z foi fixado em 1×10^{-6} . Os resíduos para a equação da continuidade são da ordem de 1×10^{-4} , e diminuem um pouco menos rapidamente do que os da velocidade z. À medida que os resíduos da velocidade z foram alterados, o caudal mássico calculado manteve-se essencialmente inalterado (permanecendo dentro de 0,0001%). Os resíduos para a equação da energia permaneceram abaixo de 1×10^{-10} em todos os casos e, portanto, não foram considerados como uma variável crítica. A malha final selecionada para utilização no estudo está representada na Figura 3.3.

3.8 Validação do modelo

Para validar o modelo, foi executada uma simulação com a malha selecionada (Malha C) utilizando o solver Fluent, e os resultados relevantes do modelo foram comparados com um resultado analítico que se sabe estar correto. Para esta validação do modelo, foi utilizado como referência o resultado de [28]. O canal e as alhetas modelados para o estudo de validação têm as mesmas dimensões que as utilizadas na primeira parte da validação. A velocidade e a temperatura de entrada do líquido foram fixadas uniformemente em 1,245 m/s e 308K, respetivamente. Kandlikar [28] desenvolveu uma solução analítica para calcular a temperatura de saída. A exatidão é testada comparando a temperatura de saída média da massa e a pressão estática de entrada média da área calculada utilizando as correlações mencionadas anteriormente. Neste caso, os resultados gerados pelo modelo de volumes finitos concordam bastante bem com os resultados previstos pelas correlações analíticas. Utilizando a malha selecionada, o modelo computacional prevê que a temperatura média da massa no plano da saída aumente para 317,97 K e que a pressão estática média no plano da entrada seja de 43,3 kPa. Isto compara-se com a solução analítica que prevê uma temperatura à saída de 318 K e uma pressão estática à entrada de 43,6 kPa. A diferença entre a solução computacional e a solução analítica neste caso é de 0,09% e 0,7%, respetivamente.

3.9 Resultados

Neste estudo, é examinado o desempenho de vários nanofluidos no microcanal descrito acima. Os fluidos examinados incluem 60% EG, 60%EG/Al O_{23} , 60%EG/CuO, e 60%EG/SiO$_2$; a concentração volumétrica de nanopartículas nos nanofluidos variou de 1% a 3%. Foram efectuados vários estudos diferentes para isolar os efeitos da alteração de vários parâmetros, incluindo o número de Reynolds de entrada e a temperatura média de entrada, no desempenho do MCHS.

3.9.1 Número de Reynolds variável

O primeiro estudo examina a variação do desempenho do microcanal à medida que o número de Reynolds de entrada varia de 50 a 300 para 60% de EG e os nanofluidos Al O_{23} , CuO e SiO$_2$ com concentrações que variam de 1 a 3%. As propriedades da secção foram extraídas do modelo utilizando o utilitário CFD-Post.

A Figura 3.6 e a Figura 3.7 ilustram a variação do número de Nusselt com o comprimento não-dimensional (z^+) ao longo do eixo do canal do permutador de calor, considerando uma temperatura de entrada constante de 308K para o EG 60% e os nanofluidos em consideração. O número de Nusselt previsto pela correlação referenciada na Eq. (15) é sobreposto para referência.

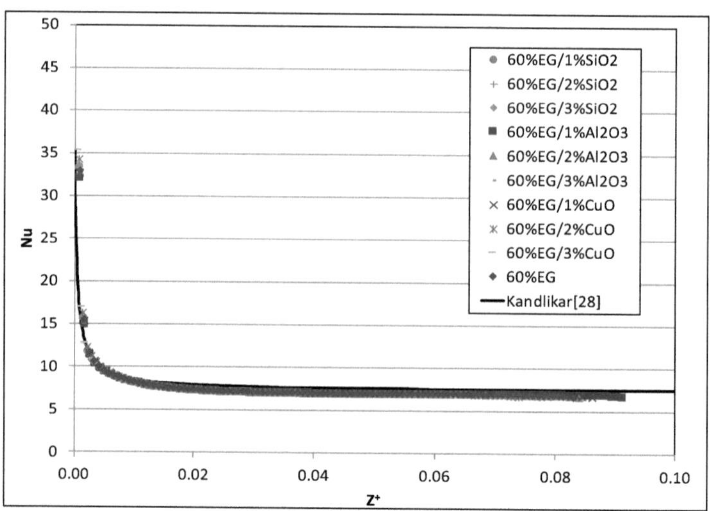

Figura 3.6. Nu médio versus z^+ para todos os fluidos ensaiados, Re=50.

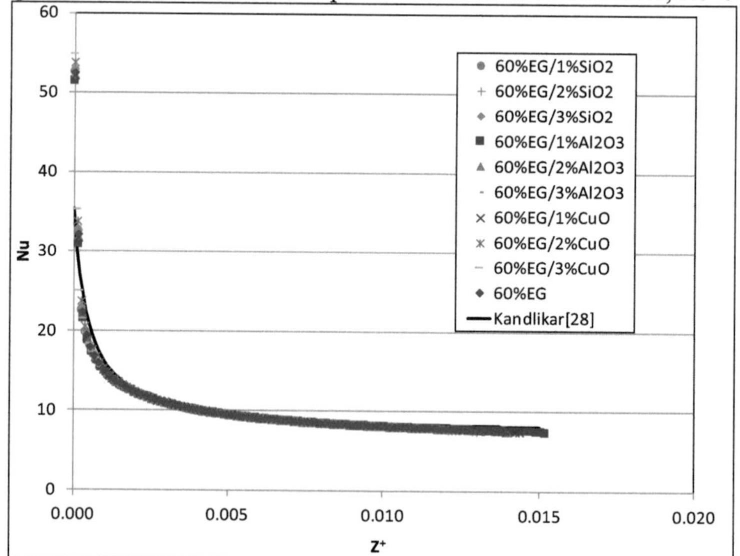

Figura 3.7. Nu médio versus z^+ para todos os fluidos ensaiados, Re=300.

Na entrada ($z=0$), a saída do modelo para a temperatura média do líquido muitas vezes não obedecia à condição de fronteira estipulada para a

124

temperatura de entrada, gerando, em vez disso, um valor que era tipicamente ligeiramente superior ao valor estipulado. Este facto contribuiu para uma singularidade no coeficiente de transferência de calor calculado, uma vez que, tipicamente, produziu um gradiente de temperatura invertido, indicando um fluxo de calor para fora do fluxo de líquido. Assim, para melhorar a qualidade do resultado, o valor médio do líquido no plano de entrada foi ajustado manualmente para corresponder à condição de fronteira. Isto tornou possível calcular os valores do coeficiente de transferência de calor e do número de Nusselt no plano de entrada. Os dados ilustram que o nanofluido 60% EG/3% CuO tem o número de Nusselt mais elevado de todos os fluidos examinados, e o fluido de base tem o número de Nusselt mais baixo em todos os pontos ao longo do comprimento do canal.

A Figura 3.8 ilustra a variação do coeficiente médio de transferência de calor na parede para todos os fluidos ao longo do eixo longitudinal do microcanal para Re=300, considerando uma temperatura de entrada constante de 308K. Esta comparação indica que 60% EG/3% CuO apresenta o coeficiente de transferência de calor mais elevado de todos os fluidos testados na gama de números de Reynolds considerados, com um coeficiente médio de transferência de calor de 56.351 W/m^2 K. Para todos os números de Reynolds examinados, os coeficientes de transferência de calor geralmente diminuem rapidamente perto da entrada a partir de um valor extremamente elevado, que se aproxima de um valor de estado estacionário quando o fluxo se torna termicamente totalmente desenvolvido. Na entrada, os diferenciais de temperatura entre a parede e o fluido aproximam-se de zero, pelo que o coeficiente de transferência de calor calculado se aproxima do infinito.

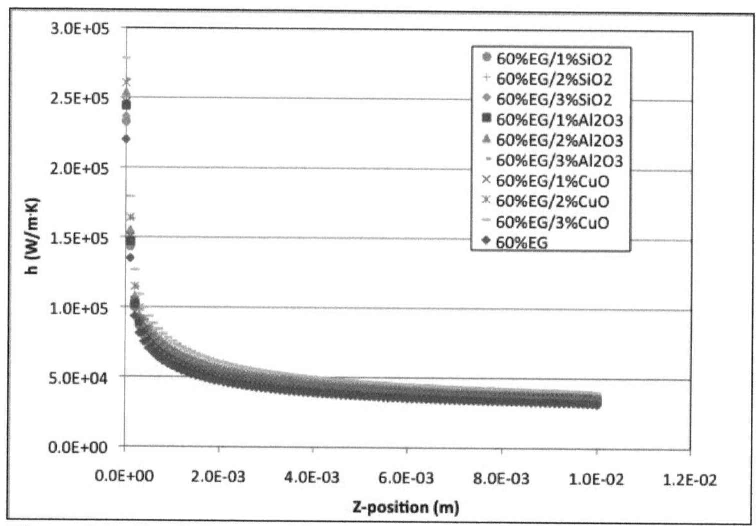

Figura 3.8. Coeficiente médio de transferência de calor em função da posição z para todos os fluidos, Re=300.

A Figura 3.9 mostra o coeficiente médio de transferência de calor da parede ao longo do eixo longitudinal do microcanal à medida que o número de Reynolds varia de Re=50 a Re=300 em incrementos de 50 para o MCHS com nanofluido 60%EG/2% Al O_{23} . Todos os outros fluidos modelados, incluindo os outros nanofluidos e o fluido de base, comportam-se de forma semelhante ao nanofluido 60%EG/2% Al O_{23} à medida que o número de Reynolds aumenta. A números de Reynolds

126

mais baixos, o coeficiente de transferência de calor para o nanofluido 60%EG/2% Al O_{23} diminui rapidamente para além da entrada para um valor relativamente baixo que se aproxima de um valor de estado estacionário de 34.450 W/m^2· K a Z=0,005m; a números de Reynolds mais elevados, o coeficiente de transferência de calor diminui ao longo do comprimento do canal, enquanto se aproxima de valores de estado estacionário ligeiramente mais elevados. Para todos os fluidos examinados, à medida que o número de Reynolds aumenta, o valor médio do coeficiente de transferência de calor aumenta, enquanto o valor na saída muda relativamente pouco.

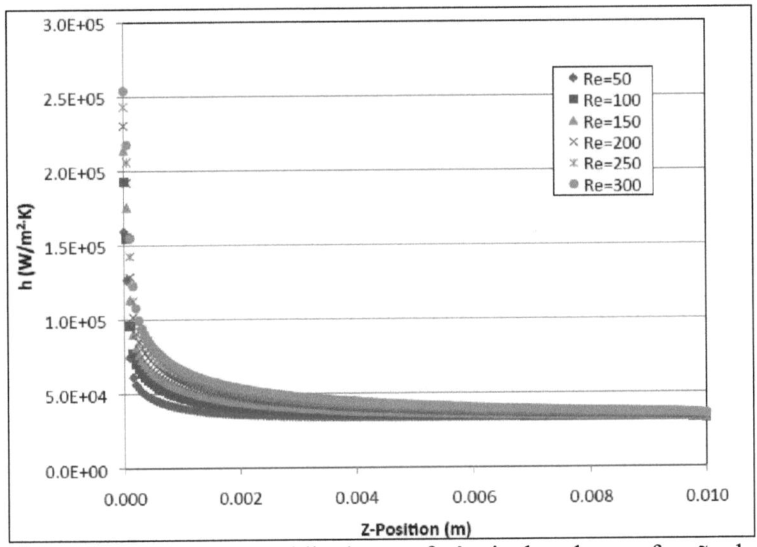

Figura 3.9. Coeficiente médio de transferência de calor em função da posição z para 60%EG/2% Al O_{23}.

A Figura 3.10 mostra o fluxo médio de calor na parede ao longo do eixo z do domínio para Re=300, respetivamente, para todos os fluidos examinados com condições de entrada constantes. As análises indicam que o fluxo de calor para todos os fluidos examinados é muito semelhante ao longo do comprimento do domínio, mantendo-se dentro de 1% desde Z=0,002m até à saída. Os dados para todos os líquidos examinados e todos os números de Reynolds na gama de 50 a 300 indicam que o fluxo de calor ao longo do eixo longitudinal são todos muito semelhantes apesar da grande variação no caudal volumétrico. Uma vez que o fluxo de calor na fronteira é constante, este facto é de esperar.

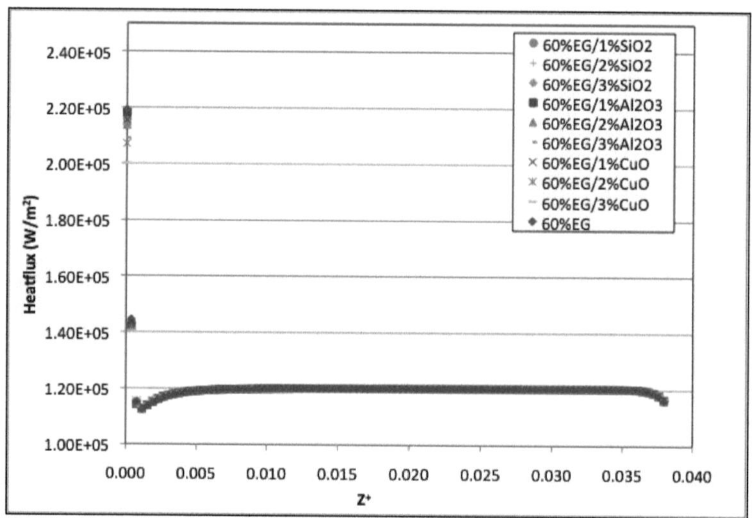

Figura 3.10. Fluxo médio de calor na parede versus z^+ para todos os fluidos, Re=300.

Os valores médios do coeficiente de transferência de calor da parede (h) e do número de Nusselt para 60%EG/2% Al O_{23} , de Re=50 a Re=300 são apresentados no Quadro 3.2.

Tabela 3.2. Valores médios de h e Nu para 60%EG/2% Al O_{23} .

Re	h_{avg} (W/m$^{2·}$ K)	Nu_{avg}
50	37,331.31	7.56
100	40,000.73	8.16
150	42,695.44	8.74
200	45,240.06	9.27
250	47,608.10	9.76
300	50,202.41	10.22

Os valores para o número de Nusselt médio reportados neste estudo tendem a desviar-se significativamente dos reportados por outros para microcanais rectangulares considerando as condições de fronteira tradicionais T (temperatura constante), H1 (fluxo de calor na parede axialmente constante e temperatura circunferencialmente constante) e H2 (fluxo de calor na parede uniforme). Os números de Nusselt médios encontrados para os fluidos modelados são consideravelmente mais elevados do que os reportados por [28] para uma razão de aspeto de 0,143. Os valores são 6,1, 5,4 e 3 para as condições de fronteira T, H1 e H2, respetivamente. Isto reflecte o impacto dos vários desvios dos pressupostos implícitos nessas condições de fronteira clássicas.

A Tabela 3.3 e a Tabela 3.4 contêm dados tabulares de desempenho para o MCHS com nanofluidos e o fluido de base nos números de Reynolds 50 e 300. Estas tabelas ilustram o impacto das diferentes propriedades dos fluidos no desempenho do MCHS. Para Re=50, o 60%EG/3% CuO produz a temperatura média de base mais baixa e tem o coeficiente médio de transferência de calor interior mais elevado. Em contrapartida, apresenta a pressão necessária mais elevada à entrada, bem como a potência de bombagem hidráulica necessária. A Re=300, o MCHS com 60%EG/3% CuO produz novamente a temperatura de base média mais baixa e o coeficiente médio mais elevado de transferência de calor no interior. No entanto, tem o requisito de pressão de entrada e a potência hidráulica mais elevados. O requisito de pressão na entrada do canal considerando o 60% EG numa entrada Re=300 é de 1.608 kPa, enquanto que para o 60% EG/3% CuO é de 4.703 kPa, uma diferença de 192%. A diferença na potência hidráulica necessária para conduzir o fluxo de 60% EG/3% CuO a Re=300 reflecte o maior fluxo volumétrico comparado com o 60% EG. É 366% mais elevada para o nanofluido do que a necessária para o fluido de base. A Re=300, o microcanal com nanofluido 60% EG/3% CuO tem uma temperatura média de base que é 1K inferior à do microcanal com 60% EG. Devido à grande diferença de viscosidade e densidade do fluido entre o 60% EG e o 60% EG/3% CuO, isto representa uma diferença significativa no caudal mássico, com caudais mássicos necessários para o canal de 1,885 $\times 10^{-4}$ kg/s e 3,441$\times 10^{-4}$ kg/s para os nanofluidos 60% EG e 60% EG/3% CuO, respetivamente (o caudal mássico para o 60% EG/3% CuO é 83% superior ao do fluido de

base neste caso

Tabela 3.3. Valores médios, todos os fluidos com número de Reynolds de entrada constante (Re=50).

Fluido	T_{avg} (K)	h_{avg} (W/m$^{2\cdot}$K)	P_{avg} (Pa)	$\dot{W}$ (mW)
60% EG	318.036	31,987.00	234,147	6.84
60%EG/1% CuO	317.193	36,572.28	299,613	9.64
60%EG/2% CuO	316.351	37,869.97	463,471	17.91
60%EG/3% CuO	315.63	40,143.19	708,979	32.97
60%EG/1% SiO	317.468	33,970.40	310,312	10.27
60%EG/2% SiO	317.361	34,054.12	346,122	12.12
60%EG/3% SiO	317.253	34,199.40	388,167	14.34
60%EG/1% Al O_{23}	317.45	36,531.84	288,438	9.18
60%EG/2% Al O_{23}	316.917	37,331.31	369,129	13.04
60%EG/3% Al O_{23}	316.448	38,449.24	460,964	18.10

Tabela 3.4. Valores médios, todos os fluidos com número de Reynolds de entrada constante (Re=300).

Fluido	T_{avg} (K)	h_{avg} (W/m$^{2\cdot}$K)	P_{avg} (Pa)	$\dot{W}$ (mW)
60% EG	313.404	43,187.17	1,608,600	281.77
60%EG/1% CuO	312.99	48,730.59	2,040,540	393.77
60%EG/2% CuO	312.689	52,068.71	3,112,490	721.75
60%EG/3% CuO	312.392	56,351.44	4,702,510	1,312.27
60%EG/1% SiO	313.157	45,865.74	2,121,080	421.26
60%EG/2% SiO	313.119	46,215.44	2,364,530	496.78
60%EG/3% SiO	313.078	46,623.21	2,633,800	584.02
60%EG/1% Al O_{23}	313.075	48,061.04	1,969,940	376.33
60%EG/2% Al O_{23}	312.879	50,202.41	2,499,740	530.14
60%EG/3% Al O_{23}	312.705	52,233.60	3,101,160	730.60

A Figura 3.11 representa graficamente as temperaturas do líquido no plano de simetria ao longo do eixo central $(x=0)$ do domínio para o escoamento de 60% EG/2% Al$_2$ O. Este gráfico ilustra que, para um número de Reynolds superior a 100, o escoamento não atinge o desenvolvimento térmico total, uma vez que a temperatura do plano central permanece a 308 K durante quase todo o comprimento do canal. Para Re=50, o gráfico indica que o efeito térmico na parede penetra no plano de simetria a aproximadamente z=0,3 cm. Em Re=100, os efeitos térmicos da parede penetram no plano de simetria a aproximadamente z=0,7 cm. Isto ilustra que existe um ponto de retorno decrescente para baixar a temperatura de base à medida que os caudais através do MCHS aumentam, os efeitos térmicos da parede não atingem o eixo de simetria para números de Reynolds ligeiramente superiores a 150.

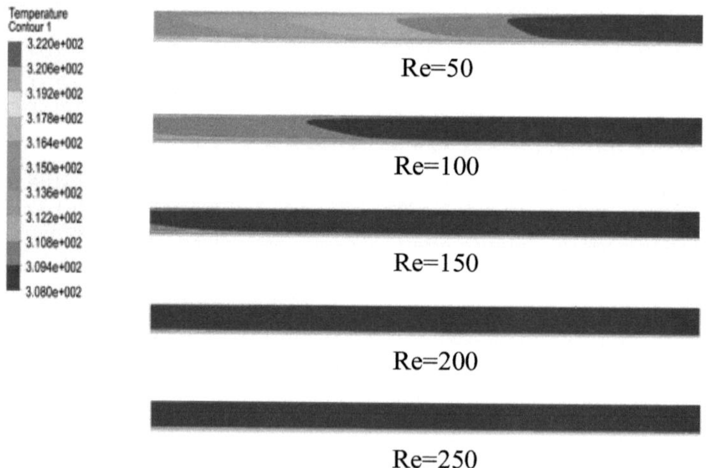

Figura 3.11Temperatura do líquido no eixo longitudinal, 60%EG/2% Al
O_{23}

Na Figura 3.12 abaixo, o valor R de todos os fluidos testados é representado em relação ao número de Reynolds de entrada. Os dados indicam que os valores R mais baixos são gerados pelo nanofluido 60%EG/3% CuO. Os valores R mais elevados são gerados pelo EG a 60%. Todos os nanofluidos estudados apresentaram valores R mais baixos do que o fluido de base na gama de números de Reynolds avaliados, com o 60%EG/3% CuO a apresentar o valor R mais baixo.

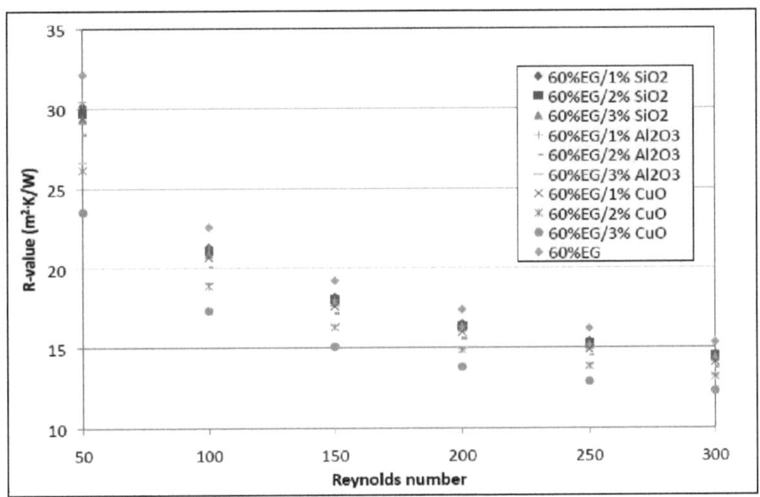

Figura 3.12Valor R médio para todos os fluidos versus número de
Reynolds do líquido

A Figura 3.13 é um gráfico da temperatura média do microcanal considerando a mesma gama de variáveis. Neste caso, o 60%EG/3%

CuO também apresenta a temperatura de base mais baixa de todos os fluidos examinados para todos os números de Reynolds estudados. O EG a 60%, em contraste, apresentou as temperaturas de base médias mais elevadas de todos. Em Re=50, a temperatura média de base do microcanal preenchido com 60%EG/3% CuO é 2,4K inferior à do microcanal preenchido com 60%EG. A diferença nas temperaturas médias de base entre o 60%EG e o 60%EG/3% CuO diminui com o aumento do número de Reynolds. A Re=300, a diferença entre a temperatura média de base para o fluido de base e o nanofluido diminui para 1K. Prevê-se que todos os nanofluidos estudados diminuam a temperatura média de base em relação à do fluido de base com o mesmo número de Reynolds. Esta é uma descoberta importante, uma vez que a manutenção de temperaturas de base mais baixas no substrato aumenta presumivelmente a fiabilidade dos sistemas de circuitos integrados devido à redução das tensões térmicas no domínio.

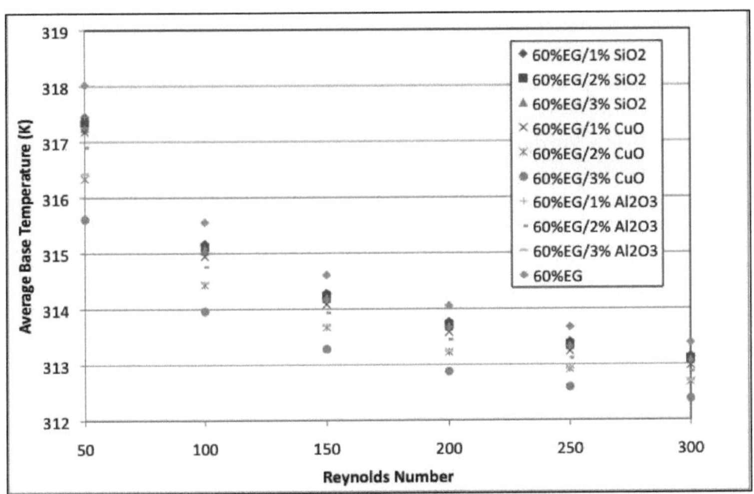

Figura 3.13. Temperatura média de base para todos os fluidos versus número de Reynolds do líquido

A Figura 3.14 e a Figura 3.15 abaixo contêm gráficos do número de Poiseuille para todos os líquidos examinados ao longo do comprimento do microcanal para números de Reynolds 50 e 300, respetivamente. Os valores previstos por [28] são sobrepostos para referência. Os números de Poiseuille são praticamente iguais ao longo do comprimento do domínio para todos os líquidos examinados. Utilizando a Eq. (12), o comprimento da entrada hidráulica para os escoamentos aqui examinados varia de 0,022 cm a 0,13 cm de comprimento à medida que o número de Reynolds aumenta de 50 para 300. Os dados de modelação indicam que o número de Poiseuille se aproxima de um valor de estado estacionário em z=0,05 cm e z=0,25 cm com um número de Reynolds de 50 e 300, respetivamente.

A Re=50, o número de Poiseuille para os fluidos desce abruptamente à
entrada, para um valor completamente desenvolvido de 22,3-22,7,
dependendo do líquido, a z^* =0,0251. Em Re=300, o Poiseuille diminui
rapidamente da entrada para um valor totalmente desenvolvido de 23,1
em z^* =0,014. Estes valores modelados comparam-se com os valores do
número de Poiseuille de 27,9 e 35,0 previstos por [28], para os números
de Reynolds de 50 e 300. Neste caso, o modelo prevê que o fator de atrito
para o escoamento é inferior ao previsto pela correlação publicada
anteriormente.

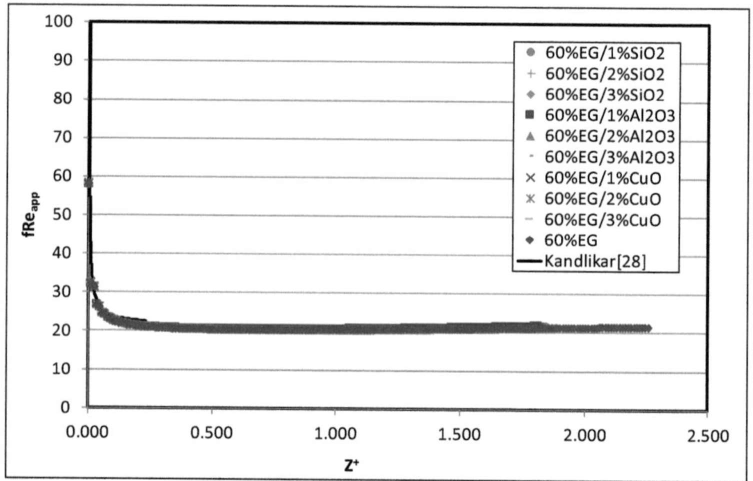

Figura 3.13. Variação do número de Poiseuille com a posição axial,
Re=50.

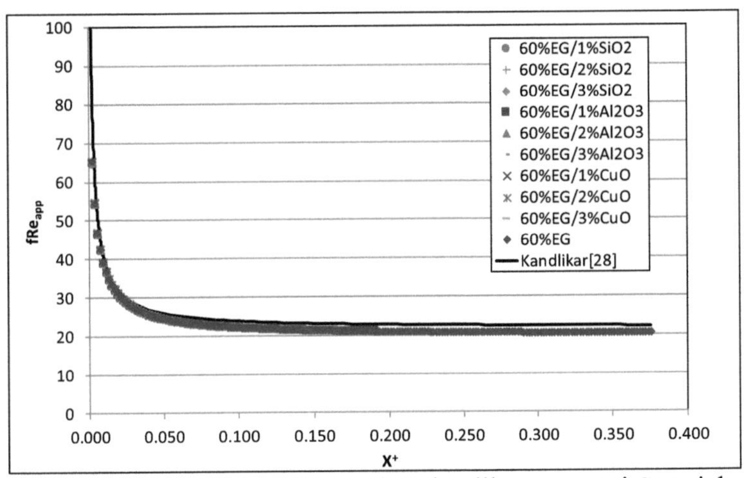

Figura 3.15. Variação do número de Poiseuille com a posição axial, Re=300.

3.9.2 Velocidade de entrada constante

A Tabela 3.5 contém os valores médios calculados para a temperatura média de base, o coeficiente de transferência de calor no interior e a pressão de entrada para todos os fluidos examinados, com a temperatura de entrada mantida a 308K e a velocidade de entrada mantida constante a 5 m/s.

Tabela 3.5. Valores médios, todos os fluidos com velocidade de entrada constante (5 m/s).

Fluido	Re	T_{avg} (K)	h_{avg} (W/m$^{2\cdot}$ K)	P_{avg} (Pa)
60% EG	157.75	314.625	36,902.21	771,020
60%EG/1% CuO	142.49	314.282	40,769.45	884,285
60%EG/2% CuO	119.62	314.194	41,603.69	1,115,225
60%EG/3% CuO	98.73	314.091	43,150.99	1,392,176
60%EG/1% SiO	135.86	314.554	38,269.96	890,864
60%EG/2% SiO	130.44	314.617	38,101.43	935,384
60%EG/3% SiO	125.18	314.672	38,004.48	985,649
60%EG/1% Al O$_{23}$	142.94	314.382	40,505.53	862,897

| 60%EG/2% Al O$_{23}$ | 128.69 | 314.311 | 41,302.50 | 982,264 |
| 60%EG/3% Al O$_{23}$ | 118.49 | 314.26 | 41,894.76 | 1,091,836 |

O nanofluido 60% EG/3% CuO gerou a menor temperatura média de base modelada e o maior coeficiente médio de transferência de calor ao longo do comprimento da aleta. O microcanal modelado com 60% de EG gerou a menor pressão necessária na entrada para a velocidade média de entrada especificada. Considerando a velocidade de entrada constante (como ilustrado na Tabela 3.5), a temperatura média de base para 60% EG/3% CuO é 0,53K menor do que para 60% EG. Neste caso, a pressão necessária à entrada é 80% superior à do fluido de base. Neste caso, a potência hidráulica necessária é diretamente proporcional à pressão à entrada, uma vez que os caudais volumétricos são iguais, considerando uma velocidade de entrada igual.

3.9.3 Temperatura de entrada variável

As experiências mostraram que as propriedades termofísicas de vários nanofluidos mudam significativamente com a temperatura. Em particular, a condutividade térmica e o calor específico aumentam ligeiramente com o aumento da temperatura, enquanto a densidade diminui ligeiramente com o aumento da temperatura. Em contraste, a viscosidade diminui fortemente com o aumento da temperatura (a viscosidade de 60% EG e 60%EG/2% Al O$_{23}$ diminuem cerca de 25% à medida que a temperatura a granel aumenta de 306K para 316K). Este facto pode ter um impacto no desempenho da transferência de calor.

Para quantificar o efeito da alteração da temperatura de entrada do líquido no desempenho da transferência de calor do MCHS, foi efectuada uma série de ensaios com 60%EG/2% Al O_{23} com entrada definida para Re=150, e variando a temperatura de entrada de 306K para 316K. Na Figura 3.16, é apresentada graficamente a variação do número de Nusselt com a alteração da temperatura de entrada do líquido. Isto mostra que os números de Nusselt são ligeiramente mais elevados para temperaturas mais baixas do líquido à entrada, perto da entrada. As curvas aproximam-se mais uma vez de um valor de 7 com o aumento de Z.

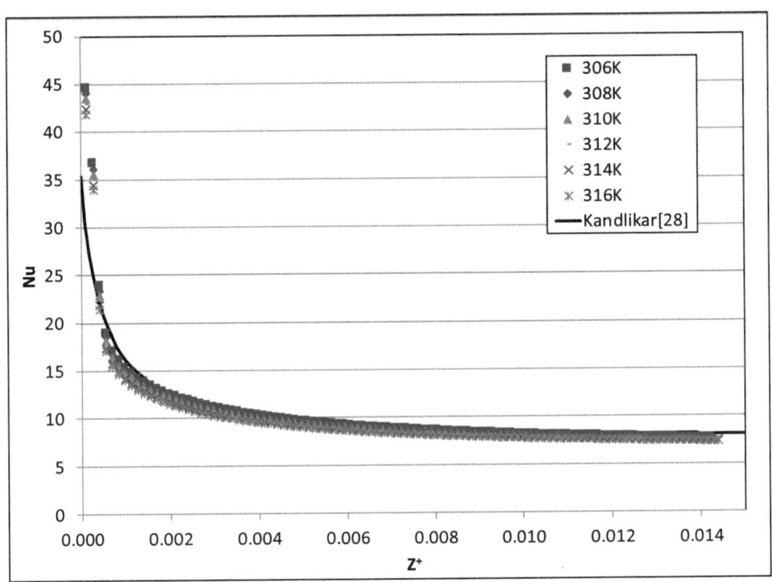

Figura 3.14Variação do número de Nusselt com a posição Z, considerando múltiplas temperaturas para 60%EG/2% Al O_{23} Re=150

O coeficiente médio de transferência de calor da parede para todas as temperaturas de entrada consideradas é apresentado sob a forma de gráfico na Figura 3.17. Todos estes gráficos acabam por ser quase coincidentes, apesar da alteração da viscosidade esperada ao longo da gama de temperaturas de 10K. O coeficiente médio de transferência de calor para o nanofluido 60% EG/2% Al O_{23} varia de 42.841 W/m² K a 306K a 42.345 W/m² K a 316K, uma diminuição de 1,1%.

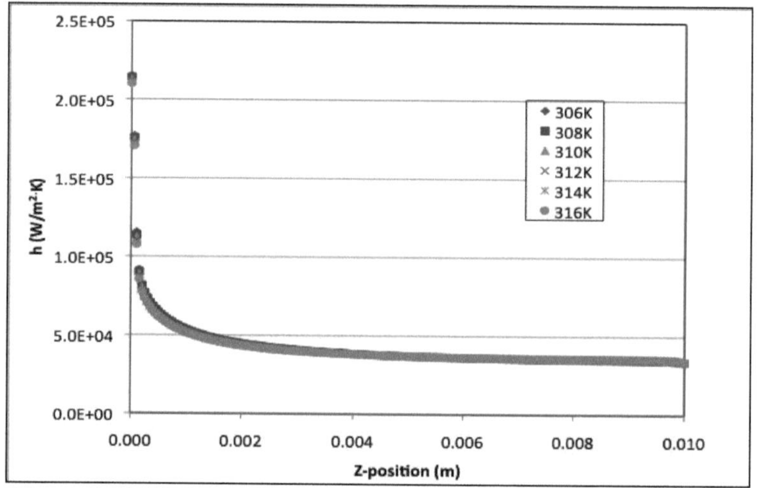

Figura 3.15. Variação do coeficiente de transferência de calor com a posição Z, para 60%EG/2% Al O_{23} a múltiplas temperaturas de entrada.

Na Figura 3.18, é ilustrado o fator de atrito calculado entre a temperatura de entrada de 306K e 316K. Para esta métrica, os valores calculados permanecem quase constantes à medida que a temperatura de entrada aumenta ao longo da gama.

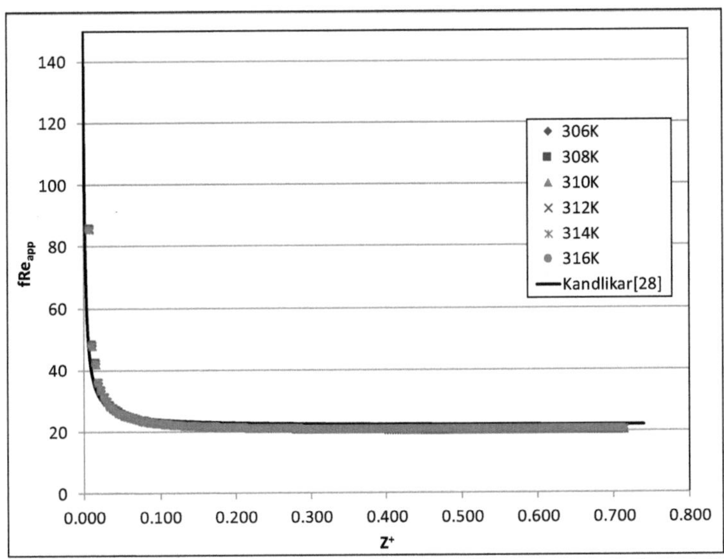

Figura 3.16. Variação do número de Poiseuille com a posição axial, para 60%EG/2% Al O_{23} Re=150 considerando múltiplas temperaturas de entrada.

3.10 Conclusões

Um MCHS preenchido com nanofluido foi simulado usando transferência de calor conjugada e dinâmica de fluidos, modelador de volumes finitos tridimensional assumindo um fluxo de calor fixo através da base. Estas análises mostram que o modelo gera números de Nusselt e Poiseulle que concordam qualitativamente com as correlações existentes propostas por Kandlikar [28]. As conclusões significativas baseadas num exame detalhado dos dados do modelo são resumidas da seguinte forma:

• Dos nanofluidos estudados, o 3% CuO/60% EG apresenta a maior melhoria no coeficiente médio de transferência de calor em

141

comparação com o fluido de base na gama 50≤Re≤300. O coeficiente médio de transferência de calor interno para o nanofluido 3% CuO/60% EG excede o do fluido de base em 30% a Re=300. O coeficiente médio de transferência de calor para o nanofluido 3% CuO/60% EG é 25% superior ao do 60% EG a Re=50, e 17% superior quando comparado com uma velocidade de entrada constante de 5 m/s.

- Do mesmo modo, a resistência térmica do MCHS com 3% CuO/60% EG foi 24% inferior à do fluido de base a Re=50 e 19% inferior a Re=300. Todos os nanofluidos reduziram a resistência térmica global do sistema quando comparados numa base de número de Reynolds constante.

- Considerando números de Reynolds de entrada iguais, todos os nanofluidos examinados baixaram a temperatura média na base do domínio sólido. Na melhor das hipóteses, a redução da temperatura de base prevista no modelo é de 2,4K. Nas aplicações em que os MCHS são utilizados com nanofluidos para arrefecimento de componentes, as temperaturas de funcionamento mais baixas podem contribuir para aumentar a vida útil dos componentes e a fiabilidade do sistema.

Como esperado, a melhoria do desempenho da transferência de calor de um MCHS com nanofluidos tem o custo de maiores perdas de pressão por fricção e potência de bombagem. A Re=300, o 60% EG/3% CuO gera perdas de pressão por fricção 192% superiores às do fluido de base. A potência de bombagem do nanofluido excede a do fluido de base em 366%. O aumento dos requisitos de potência e do consumo de energia associado ao bombeamento de nanofluidos mais viscosos em comparação com os respectivos fluidos de base deve ser contrabalançado com melhorias absolutas no desempenho térmico do sistema.

3.11 Nomenclatura

A	Área da superfície de transferência de calor (m)^2
c_p	Calor específico (J/kg·K)
f	Fator de atrito de Fanning
g	Aceleração gravitacional (m/s)^2
h	Coeficiente de transferência de calor por convecção (W/m^2 ·K)
H	Altura da barbatana (m)
k	Condutividade térmica (W/m☐K)
L	Comprimento (m)
$\dot{m}$	Caudal mássico (kg/s)
Nu	Número de Nusselt (hd_i /k)
Δp	Queda de pressão (Pa)
q	Taxa total de transferência de calor (W)
q''	Fluxo de calor (W/m)^2
V	Velocidade do líquido (m/s)
$\dot{V}$	Caudal volumétrico (m^3 /s)
R	Resistência térmica
Re	Número de Reynolds ($\rho V d_i$ /μ)
$\dot{W}$	Potência hidráulica (J/s)
T	Temperatura (K)

Símbolos gregos

α	Rácio de aspeto do canal
β_1	Rácio de aspeto do canal
μ	Viscosidade dinâmica (mPa·s)
η	Eficiência das alhetas
φ	Concentração volumétrica
ρ	Densidade (kg/m)^3

Subscritos

i	No interior
tampa	Capacitivo
con	Base MCHS
f	Fluido de base
barbatana	Barbatana
nf	Nanofluido
s	Nanopartículas sólidas
th	Resistência térmica do dissipador de calor
w	Parede do MCHS

3.12 Referências

[1]   Pak, B.C., e Cho, Y.I., 1998, "Hydrodynamic and Heat Transfer Study of Dispersed Fluids With Submicron Metallic Oxide Particles," Experimental Heat Transfer (11), pp. 151-170.

[2]   Vajjha, R., 2008, Measurement of Thermophysical Properties of Nanofluids and Computation of Heat Transfer Characteristics, M.S. Thesis, University of Alaaska Fairbanks, 150 pp.

[3]   Chon, C.H., Kihm, K., Lee. S., Choi, S.U.S., Empirical Correlation Finding the Role of Temperature and Particle Size for Nanofluid (Al2O3) Thermal Conductivity Enhancement, Applied Physics Letters, 87(2005), 153107-1-153107-3.

[4]   Jang, S.P., Choi, S.U.S., Effects of Various Parameters on Nanofluid Thermal Conductivity, Journal of Heat Transfer, 129(2007), pp. 617-623.

[5]   Vajjha, R., Das, D.K., 2009, Experimental Determination of Thermal Conductivity of Three Nanofluids and Development of New Correlations, International Journal of Heat and Mass Transfer, [DOI: 10.1016/j.ijheatmasstransfer.2009.06.027].

[6]   Koo, J. e Kleinstreuer, C., 2004, A New Thermal Conductivity Model for Nanofluids, Journal of Nanoparticle Research, (6), pp. 577-588.

[7]   Namburu P.K., Kulkarni, D.P., Misra, D., e Das, D.K., 2007, Viscosity of Copper Oxide Nanoparticles Dispersed in Ethylene Glycol and Water Mixture, Experimental Thermal and Fluid Science (32), pp. 397-402.

[8]   Vajjha, R., Das, D.K., 2009, Specific Heat Measurement of Three Nanofluids and Development of New Correlations, Journal of Heat Transfer, (131), [DOI: 10.1115/1.3090813], 7pp., ASME, New York.

[9]   Faulkner, D., Khotan, M., Shekkariz, R., Practical Design of a 1000 W/m2, Proceedings IEEE Semiconductor Thermal Measurement and Management Symposium, 2003, pp. 223-230.

[10]   Ho, C.J, Wei, L.C., Li, Z.W., "An experimental investigation of forced convective cooling performance of a microchannel heat sink with Al2O3/water nanofluid." Applied Thermal Engineering, 30(2010), pp. 96-103.

[11]   Lee, J., Mudawar, I., "Assessment of the effectiveness of nanofluids for single-phase and two-phase heat transfer in micro-channels," International Journal of Heat and Mass Transfer, 50 (2007) pp. 452-463.

[12]   Peng, X.F., Peterson, G.P., Wang, B.X., "Heat transfer characteristics of water flowing through microchannels," Experimental Heat Transfer, 1994, 7:265-283.

[13]   Jung, j., Oh, H., Kwak, H., "Forced convective heat transfer of nanofluids in microchannels," International Journal of Heat and Mass Transfer, 52(2009), pp. 466-472.

[14]   Chein, R., Huang, G., Analysis of Microchannel Heat Sink Performance Using Nanofluids, Applied Thermal Engineering, 25(2004), pp. 3104-3114.

[15]   Koo, J., Kleinstreuer, C., Laminar Nanofluid Flow in Microheat-Sinks, International Journal of Heat and Mass Transfer, 48(13), pp. 2652-2661.

[16]   Jang, S.P., Choi, S.U.S., Cooling Performance of a Microchannel Heat Sink With Nanofluids, Applied Thermal Engineering, 26 (2006), pp. 2457-2463.

[17]   Leela, D., "The performance evaluation of Al2O3/water nanofluid flow and heat transfer in microchannel heat sink," International Journal of Heat and Mass Transfer, 54(2011), pp. 3891-3899.

[18]   Bar-Cohen, A.,Ed., Encyclopedia of Thermal Packaging, Set 3: Thermal Packaging Applications, World Scientific Publishing Co. Inc., New Jersey, 2018, www.worldsceientific.com.

[19]   Thome, J.R., Ed., Encyclopedia of Two-Phase Heat Transfer and Flow IV: Modeling Methodologies, Boiling of CO2, and Micro-Two Phase Cooling, World Scientific Publishing Co. Inc., New Jersey, 2018, www.worldsceientific.com.

[20]   Snoussi, L., Ouerfelli, N., Sharma, K.V., Vrinceanu, N., Chamkha, A. J. e Guizani, A., "Simulação numérica de nanofluidos para melhorar a eficiência de arrefecimento num dissipador de calor de microcanal de cobre 3D (MCHS)," Física e Química de Líquidos, (2017), pp. 1-21, doi.org/10.1080/00319104.2017.1336237.

[21]   ASHRAE Handbook, Fundamentals, 2005, American Society of Heating, Refrigeration and Air - Conditioning Engineers, Inc., Atlanta, GA, Ch. 21.

[22]   Buongiorno, J., 2006, Convective Transport in Nanofluids, Journal of Heat Transfer (128), pp. 240-250.

[23]   Vajjha, R. S., Das, D. K., e Kulkarni, D. P., 2010, "Development of new correlations for convective heat transfer and friction fator in turbulent regime for nanofluids," International Journal of Heat and Mass Transfer, 53(21-22), pp. 4607-4618.

[24]   White, F. M., Viscous Fluid Flow, 2nd Ed., 1991, McGraw Hill, New York.

[25]   Ray, D. Give Full not et al., "Experimental and Numerical Investigations of Nanofluids Performance in a Compact Minichannel Plate Heat Exchanger," International Journal of Heat and Mass Transfer, 71(2014), pp. 732-736

[26] Sahoo, B. C., Das, D. K., Vajjha, R. S., e Satti, J. R., 2013, "Measurement of the thermal conductivity of silicon dioxide nanofluid and development of correlations," Journal of Nanotechnology in Engineering and Medicine, 3(4), pp. 041006-041006.

[27] Hamilton, R.L. e Crosser, O.K., 1962, "Thermal Conductivity of Heterogeneous Two -Component Systems," Industrial and Chemical Engineering (1), pp. 187-191.

[28] Kandlikar, S., Garimella, S., Li, D., Colin, S., King, M.R., Heat Transfer and Fluid Flow in Minichannels and Microchannels, Elsevier, Amsterdam, pp. 87-136.

[29] Han, L.S., "Hydrodynamic Entrance Lengths for Incompressible Laminar Flow in Retangular Ducts," Journal of Applied Mechanics, 27(1960), pp. 403-409.

[30] Shah, R. K. and London, A. L., Laminar Forced Flow Convection in Ducts, Supplement 1 to Advances in Heat Transfer, NewYork: Academic Press, 1978.

CHAPTER 4: <u>CARACTERIZAÇÃO EXPERIMENTAL DO DESEMPENHO DE SERPENTINAS DE AR HIDRÓNICO COM NANOFLUIDOS DE ÓXIDO DE ALUMÍNIO[3]</u>

<u>Resumo:</u> O objetivo deste estudo é caraterizar experimentalmente e comparar o desempenho de um nanofluido composto por nanopartículas de $Al\,O_{23}$ com 1, 2 e 3% de concentração volumétrica numa solução de 60% de etilenoglicol/40% de água (60% EG) com o de 60%EG num permutador de calor líquido-ar. O banco de ensaios utilizado na experiência simula um pequeno sistema de tratamento de ar típico das aplicações AVAC. As condições de entrada do ar e do líquido foram selecionadas para simular as condições de funcionamento típicas dos sistemas comerciais de tratamento de ar. Na experiência, os nanofluidos não tiveram, em geral, o desempenho esperado com base em trabalhos analíticos anteriores. O desempenho do nanofluido a 1% foi geralmente igual ao do fluido de base, considerando condições de entrada idênticas. No entanto, o desempenho dos nanofluidos a 2% e 3% foi consideravelmente pior do que o do fluido de base. Os nanofluidos de concentração mais elevada apresentaram taxas de calor até 14,6% inferiores às do 60%EG e um coeficiente de transferência de calor até

---

3 Uma versão melhorada deste capítulo foi publicada em "Strandberg, R., Ray, D., Das, D. K., Experimental Characterization of Hydronic Air Coil Performance with Aluminum Oxide Nanofluids of Three Concentrations. *Applied Nano*, 2024,5, 84-107. https://doi.org/10.3390/applnano5020008

44,3% inferior. 1% Al O$_{23}$ /60% EG exibiu uma queda de pressão 100%
maior através da bobina do que o fluido de base, considerando a mesma
saída de calor.

4.1 Introdução

As suspensões líquidas que foram suplementadas com partículas
extremamente pequenas (menos de 100 nm na sua dimensão
caraterística, designadas por "nanopartículas") em suspensão, são
frequentemente designadas por "nanofluidos". A adição de
nanopartículas pode alterar as propriedades termofísicas e reológicas dos
fluidos de base de formas que podem ser exploradas para benefício em
várias aplicações. Os fluidos de transferência de calor suplementados
com nanopartículas demonstraram, em estudos efectuados por vários
autores, ter uma condutividade térmica superior à dos fluidos de
transferência de calor convencionais ([1], [2], [3]). Choi [4] é geralmente
reconhecido como tendo publicado os primeiros trabalhos que examinam
o potencial das nanopartículas em suspensão para melhorar a
condutividade térmica dos fluidos. Outros autores publicaram trabalhos
sobre o coeficiente superior de transferência de calor oferecido pelos
nanofluidos na convecção forçada em escoamentos internos turbulentos
([5],[6]).

Vários investigadores testaram nanofluidos em diferentes aplicações de transferência de calor líquido para compreender melhor o impacto das propriedades únicas dos nanofluidos no desempenho da transferência de calor. Peyghambarzadeh, et al. [7] estudaram nanopartículas de Al O_{23} dispersas em soluções de água e etilenoglicol, com concentrações variáveis de ambas as nanopartículas (0,1 a 1 v/v%) e glicol (5-20 v/v%). Neste estudo, o nanofluido apresentou um aumento de até 40% no número de Nusselt em comparação com o fluido de base. Num estudo posterior, Peyghambarzadeh, et al. [8] efectuaram outro estudo experimental utilizando nanofluidos à base de água com nanopartículas de Fe O_{23} e CuO em concentrações até 0,65 v/v%. O estudo investigou o desempenho dos nanofluidos em relação à água pura numa gama de caudais, temperaturas de entrada e concentrações variáveis de nanopartículas. Considerando as condições de ensaio mais ideais observadas, os autores concluíram que os nanofluidos melhoraram a taxa global de transferência de calor do radiador até 9% para o Fe O_{23}. Akash, et al. [9] efectuaram um estudo experimental para avaliar o desempenho de nanofluidos feitos de nanopartículas de grafite dispersas em água. Os autores verificaram que o nanofluido de grafite apresentou um desempenho superior ao do fluido de base quando comparado com uma variedade de parâmetros. Os resultados dos testes indicaram que a superioridade do desempenho do nanofluido era maior em caudais de líquido mais baixos, com o desempenho do nanofluido e do fluido de base a convergir em caudais mais elevados. No estudo realizado por Kulkarni, et al [10], os autores utilizaram um gerador a gasóleo de 45 kW num aparelho à escala laboratorial para simular o funcionamento de uma central de cogeração de calor e eletricidade. O teste foi efectuado utilizando um nanofluido feito de 50% de EG (wt%), com concentrações variáveis de nanopartículas de $Al\ O_{23}$ em concentrações até 6 v/v%. Os testes mediram o desempenho do fluido de base, bem como dos nanofluidos com concentrações de 2, 4 e 6 v/v% de nanopartículas. Os investigadores concluíram que tanto a eficiência da cogeração como a do permutador de calor aumentavam à medida que a concentração de nanopartículas aumentava até 6%. Pandey e Nema [11] relataram o desempenho de um nanofluido de $Al\ O_{23}$ /água como refrigerante num permutador de calor de placas soldadas, e determinaram que o nanofluido de 2% apresentou o melhor desempenho de transferência de calor de todos os nanofluidos testados. Os investigadores descobriram que os nanofluidos $Al\ O_{23}$ apresentavam propriedades superiores às dos outros nanofluidos. Farajollahi, et al. [12] realizaram um estudo experimental de nanofluidos à base de água com TiO_2 e γ-$Al\ O_{23}$ num permutador de calor de casco e tubo em condições de fluxo turbulento. Ambos os nanofluidos apresentaram um desempenho de transferência de calor superior ao do fluido de base (água).

Os permutadores de calor de líquido para ar com alhetas (ou "serpentinas") são normalmente utilizados para aquecer ou arrefecer o ar em sistemas de aquecimento, ventilação e ar condicionado (AVAC) de edifícios. Estas serpentinas de aquecimento/arrefecimento empregam tipicamente filas de alhetas metálicas (normalmente de alumínio) compactas que foram mecanicamente ligadas a tubos de cobre de paredes finas (ver Figura 4.1). O fluido de transferência de calor passa através da tubagem de cobre enquanto o ar passa sobre as alhetas compactadas, realizando a transferência de calor entre o líquido de transferência de calor e o ar exterior. O líquido e o ar deslocam-se num padrão de "fluxo cruzado". Estas serpentinas de aquecimento são encontradas em instalações de tamanhos muito variados, desde 100 cm^2 e maiores. As grandes serpentinas de aquecimento são utilizadas em unidades centrais de tratamento de ar, enquanto as versões mais pequenas são utilizadas em aquecedores unitários e serpentinas montadas em condutas. A condutividade térmica superior dos nanofluidos pode ser explorada de diferentes formas. O aumento da produção térmica para uma determinada área de superfície e condições de entrada iguais pode produzir uma redução na área de transferência de calor necessária para uma taxa de calor desejada. Isto, por sua vez, pode traduzir-se numa redução da área total de transferência de calor necessária, o que pode refletir-se numa menor densidade das alhetas e, por conseguinte, numa menor queda de pressão no lado do ar e no consumo de energia da ventoinha. Além disso, isto pode resultar numa redução do volume dos materiais de construção necessários. O aumento do coeficiente de transferência de calor na superfície interna da tubagem para um determinado caudal pode também resultar na redução do caudal de líquido necessário para uma determinada taxa de transferência de calor, oferecendo assim o potencial de uma redução da potência de bombagem consumida ao longo da vida útil da serpentina de aquecimento.

Strandberg e Das [13] efectuaram anteriormente uma análise do desempenho de serpentinas de aquecimento hidrónico com nanofluidos e fluidos convencionais. Essa análise indicou que as serpentinas preenchidas com nanofluidos Al O_{23} /60:40 EG/Água (em massa) (doravante designados 60% EG) apresentam uma saída de aquecimento superior à das serpentinas preenchidas com fluido de base 60% EG. Uma das conclusões significativas do estudo foi que o maior benefício potencial dos nanofluidos em termos de redução da potência de bombagem para uma determinada potência de aquecimento ocorre em condições em que a serpentina funciona a uma capacidade inferior à projectada. Uma vez que os sistemas HVAC típicos passam a maior parte do seu tempo de funcionamento em condições "não projectadas", os nanofluidos podem ter o potencial de gerar reduções significativas no consumo de energia durante a vida útil de um sistema HVAC típico.

O trabalho analítico anterior de Strandberg e Das [13] previu um aumento significativo no coeficiente de transferência de calor para o nanofluido à medida que a concentração volumétrica aumenta quando comparada com o fluido de base, considerando um número de Reynolds fixo. As análises indicam que todos os nanofluidos analisados devem exibir um rendimento térmico superior em relação ao fluido de base numa ampla gama de números de Reynolds e caudais volumétricos. A Tabela 4.1 e a Tabela 4.2 abaixo contêm o rendimento térmico gerado usando o modelo analítico acima mencionado para bobinas com uma configuração física idêntica e condições de entrada circulando nanofluidos 60% EG e Al O_{23} /60% EG com concentrações volumétricas de partículas de 1-3%.

Tabela 4.1. Taxas de calor do modelo analítico para vários fluidos de aquecimento numa gama de números de Reynolds.

Re	Taxa de fluido/calor (W)			
	60%EG	1%Al O /60%EG$_{23}$	2%Al O /60%EG$_{23}$	3%Al O /60%EG$_{23}$
1500	1970	2269	2574	2839
3000	3154	3540	3907	4273
4500	4003	4433	4776	5064
6000	4571	4989	5312	5578

Tabela 4.2. Taxas de calor do modelo analítico para vários fluidos de aquecimento numa gama de caudais volumétricos de líquido.

$\dot{V}$(L/s)	Taxa de fluido/calor (W)			
	60%EG	1%Al O$_{23}$/60%EG	2%Al O$_{23}$/60%EG	3%Al O$_{23}$/60%EG
0.031	2063.0	2237.3	2342.1	2412.4
0.063	3273.1	3501.1	3635.2	3723.9
0.094	4126.5	4370.4	4511.3	4603.5
0.126	4691.6	4929.7	5065.6	5153.7

A literatura existente sobre trabalhos experimentais relativos ao desempenho de nanofluidos 60% EG/Al O$_{23}$ neste tipo de aplicação é limitada. Strandberg e Das [14] relataram o desempenho da transferência de calor de 1% Al O$_{23}$ /60% EG num estudo experimental de uma serpentina de ar com alhetas, cheia de líquido, do tipo tipicamente encontrado em sistemas de tratamento de ar, muito semelhante ao utilizado neste estudo. Considerando temperaturas de entrada do líquido substancialmente mais baixas do que as encontradas na maioria das aplicações comerciais e industriais, o estudo constatou que as taxas de calor da serpentina preenchida com nanofluido eram quase idênticas às da serpentina preenchida com 60% de EG em uma faixa limitada de números de Reynolds. Foi levantada a hipótese de que os benefícios potenciais dos nanofluidos com um fluido de base 60% EG aumentariam a temperaturas mais elevadas do líquido de entrada, uma vez que a viscosidade dos nanofluidos diminui com o aumento da temperatura, enquanto a condutividade térmica aumenta com a temperatura. As melhorias nas propriedades termofísicas a temperaturas relativamente mais elevadas facilitariam, por conseguinte, um melhor desempenho da transferência de calor relativamente ao fluido de base.

Objetivo: O objetivo do presente estudo experimental é comparar o desempenho da serpentina de aquecimento preenchida com o nanofluido Al O_{23} /60% EG em várias concentrações com o desempenho da serpentina com 60% EG. O nanofluido Al O_{23} /60% EG foi selecionado com base nos resultados de Ray e Das [15] que indicam que tem potencial para um desempenho substancialmente melhor do que o EG a 60% com nanopartículas de CuO e SiO_2 nas gamas de temperatura em que os sistemas de aquecimento de conforto funcionam normalmente. Além disso, estas nanopartículas estão prontamente disponíveis a partir de fontes comerciais em soluções coloidais que são facilmente adquiridas e formuladas com etilenoglicol num nanofluido com a composição desejada. Os parâmetros de desempenho utilizados para comparação incluem a taxa de transferência de calor com caudais de líquido variáveis, a queda de pressão do líquido e a potência de bombagem necessária para uma determinada taxa de transferência de calor. Análises adicionais dos nanofluidos avaliam o desempenho termodinâmico dos fluidos com base na exergia consumida no processo de transferência de calor. Este estudo foi melhorado em comparação com a experiência anterior de Strandberg e Das [14], aumentando a temperatura de entrada do líquido de 325 K para 350 K, que é muito mais próxima da temperatura de entrada típica dos sistemas de aquecimento hidrónico que funcionam em ambientes árcticos e subárcticos.

O teste é efectuado utilizando um circuito de teste composto por um permutador de calor de placas soldadas, uma bomba e um pequeno gerador de ar com uma serpentina hidrónica. O banco de ensaio está ligado a um aquecedor de água elétrico de 4,5 kW controlado por termóstato que serve de fonte de calor para o ensaio. Uma bomba faz circular água quente através do lado primário do permutador de calor de placas. Este, por sua vez, aquece o lado secundário do circuito de teste (também um circuito pressurizado) através da parede do permutador de calor. O sistema é construído com tubos de cobre de 1,27 cm (½") O.D.. Uma bomba centrífuga em linha, do tipo rotor húmido (Grundfos 26-99F, Downers Grove, IL) faz circular os fluidos através do circuito. O sistema é ligado a uma unidade de tratamento de ar composta por um ventilador centrífugo que aspira o ar através de condutas e outros acessórios, incluindo uma serpentina de aquecimento hidrónico e um tubo venturi ligado a secções intermédias de condutas rectangulares para medição do caudal de ar (ver Figura 4.2, 4.3 e 4.4).

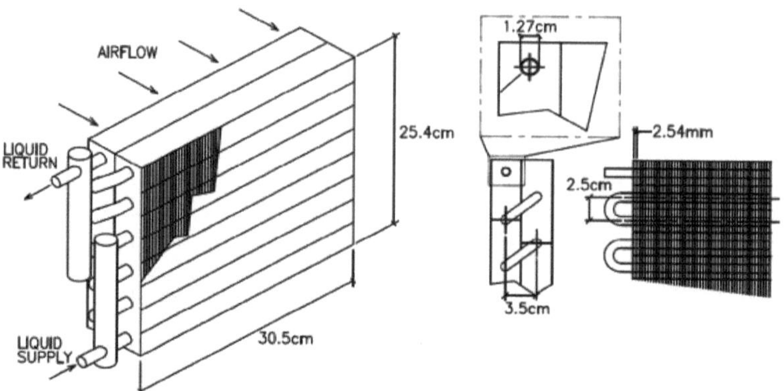

Figura 4.1. Configuração da bobina de aquecimento com alhetas.

A serpentina de aquecimento utilizada no banco de ensaio (fabricada pela Titus, Inc., Plano, TX) é ilustrada na Figura 4.1. A serpentina de aquecimento tem 30,5 cm de largura por 25,4 cm de altura e é configurada com duas fileiras de tubos de cobre com aletas no fluxo de ar. A serpentina tem alhetas planas de alumínio com 0,25 mm (0,010 in) de espessura mecanicamente ligadas a tubos de cobre com 12,7 mm de diâmetro exterior e 0,4 mm de espessura de parede. A densidade das aletas é de 3,9/cm (10/in). O passo transversal da tubagem da bobina é de 2,5 cm e o passo longitudinal é de 3,5 cm.

O invólucro da serpentina foi isolado com 5-7,5 cm de isolamento de fibra de vidro com revestimento de folha e as curvas expostas da tubagem foram isoladas com espuma de EPDM. O isolamento foi aplicado para isolar termicamente a secção de transferência de calor entre os pontos de amostragem de temperatura. Os instrumentos do aparelho de ensaio

158

incluíam termistores instalados em poços nas linhas de alimentação e retorno de líquido imediatamente a montante e a jusante da entrada e saída da serpentina para medir as temperaturas de entrada e saída do líquido, respetivamente. A queda de pressão estática do líquido através da tubagem da bobina é medida utilizando um sensor de pressão diferencial (transdutor do tipo strain gage) ligado através das ligações de alimentação e retorno. O caudal de líquido foi medido utilizando um medidor de caudal em linha com roda de pás. No lado do ar do aparelho, quatro termistores dispostos na entrada e na saída de ar da serpentina de aquecimento medem a temperatura da serpentina. Estes dispositivos foram fabricados pela Ebtron (modelo SP-1, Loris, SC). O caudal de ar volumétrico foi medido utilizando um tubo venturi calibrado na conduta, fabricado pela Lambda Square, Inc. (Babylon, NY). O controlo da temperatura de alimentação do líquido às serpentinas de aquecimento é efectuado através de uma válvula de controlo acionada eletricamente. Um circuito de controlo de circuito fechado que incorpora um DAQ LabView e um programa de controlo, com lógica de controlo PID (proporcional/integral/derivativo), proporcionou um controlo de ponto de regulação altamente preciso da temperatura de entrada do glicol quente da serpentina. O desenvolvimento do programa de controlo foi feito pelo autor.

A aparelhagem de ensaio era muito semelhante à utilizada no artigo de Strandberg e Das [14], com aperfeiçoamentos na conceção para reduzir o volume de líquido arrastado, reconfiguração do sistema para facilitar a purga de ar e aumento da temperatura de entrada na secção de ensaio. O aparelho de ensaio foi também transferido para um espaço de laboratório diferente com um ambiente térmico mais estável. Esta condição assegurou condições de ensaio mais consistentes. O banco de ensaio utilizado nos testes anteriores utilizava uma fonte de calor que limitava as temperaturas de alimentação do líquido a 327K. Normalmente, as serpentinas de aquecimento do ar nas regiões árcticas e subárcticas fazem circular o líquido com temperaturas de alimentação na gama dos 350 a 355 K. A fonte de calor revista do banco de ensaio é capaz de gerar temperaturas de alimentação do líquido de 350 K no circuito de ensaio. Testes empíricos anteriores mostraram que certos nanofluidos têm propriedades termofísicas que variam com a temperatura ([16] e [17]). Em particular, os dados empíricos indicam que a condutividade térmica de 2% Al O_{23} /60% EG aumenta 9%, enquanto a viscosidade diminui 41% à medida que a temperatura aumenta de 327K para 350K. Melhorias semelhantes são exibidas por nanofluidos de 1 e 3%. Estas melhorias nas propriedades têm o potencial de melhorar significativamente o desempenho de transferência de calor do nanofluido em relação ao fluido de base. Este estudo foi concebido para determinar se os benefícios de desempenho previstos em estudos analíticos anteriores podem ser reproduzidos numa investigação experimental.

A Figura 4.2 e a Figura 4.3 contêm fotografias do aparelho e a Figura 4.4 apresenta um esquema do aparelho.

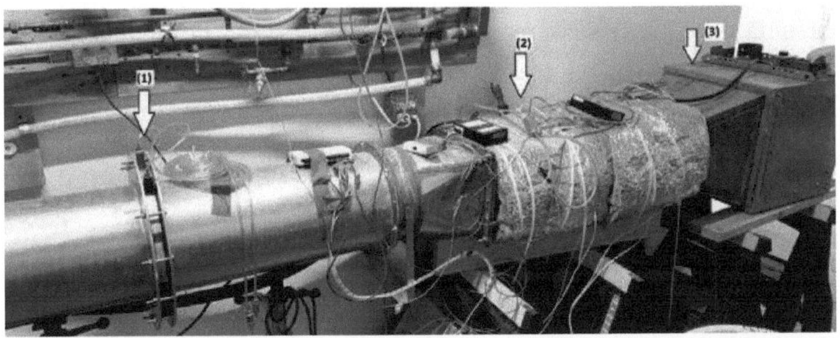

Figura 4.2Manipulador de ar do banco de ensaio: (1) tubo venturi, (2) serpentina hidrónica (isolada) e (3) ventilador centrífugo.

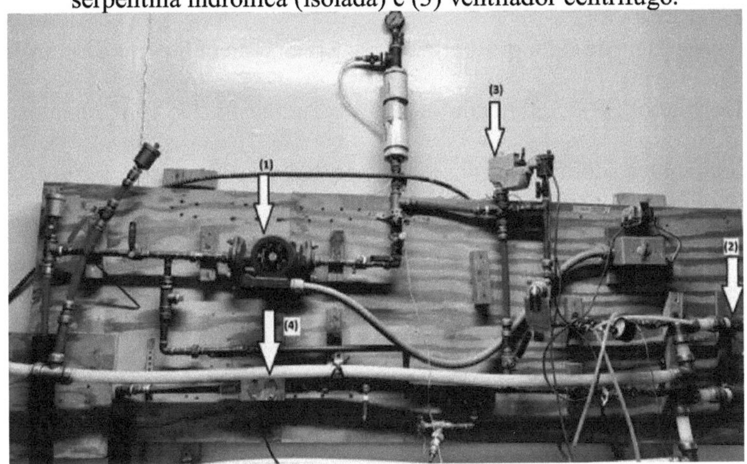

Figura 4.3Sistema de tubagem do lado do líquido e aparelho de permuta de calor. (1) circulador, (2) permutador de calor de placas, (3) válvula de controlo motorizada, (4) medidor de caudal

4.1.1 Preparação da dispersão de nanofluidos

As dispersões utilizadas no ensaio foram preparadas num laboratório da Universidade do Alasca, utilizando balanças de massa. As nanopartículas utilizadas foram obtidas da Alfa Aesar (Massachusets, EUA). As nanopartículas foram fornecidas sob a forma de uma solução concentrada e hidratada, designada por "fluido-mãe". O fluido-mãe foi sujeito a sonicação num banho de ultra-sons Branson 5510 com uma potência de entrada máxima de 185 W durante um mínimo de 8 horas para homogeneizar as partículas em solução. Após o processo de homogeneização, o fluido-mãe foi misturado com um volume adequado de etilenoglicol e 25 µS de água desionizada para obter a composição volumétrica desejada das nanopartículas numa solução 60:40 EG/água (wt%). O etilenoglicol utilizado para o fluido de ensaio foi um fluido de transferência de calor de qualidade comercial com inibidores de corrosão (Dowtherm SR-1, fabricado pela Dow Chemical). Os componentes de cada solução foram pesados com uma balança de massa de precisão. Desta forma, foram preparados nanofluidos de 1, 2 e 3% de concentração v/v de soluções de nanofluidos. Para cada experiência, uma solução foi transportada para o local de ensaio no prazo de 48 horas e injectada no sistema. Uma vez carregado o sistema, o líquido foi continuamente circulado através do circuito de ensaio. Um trabalho anterior de Vajjha e Das [5] sobre TEM mostrou que este método produziu uma solução com distribuição uniforme de partículas e aglomeração mínima de partículas.

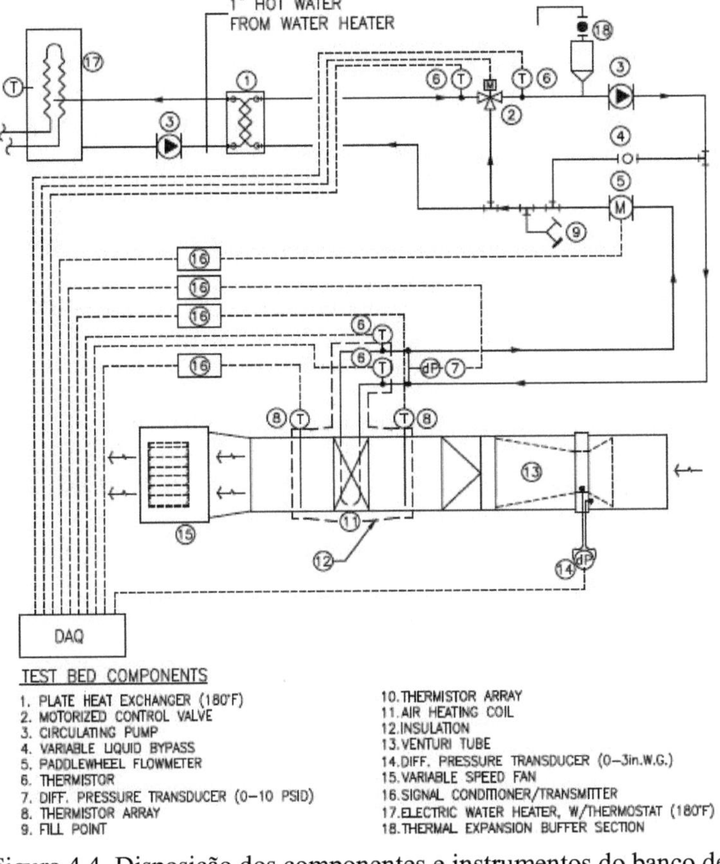

Figura 4.4. Disposição dos componentes e instrumentos do banco de ensaio.

4.2 Análise

O desempenho da serpentina de aquecimento foi medido utilizando as propriedades termofísicas dos fluidos quentes que circulam no interior da serpentina e o ar que é aspirado através das serpentinas. As correlações empíricas para fluidos de base, nanofluidos e ar estão disponíveis na literatura e são citadas na secção seguinte.

163

4.2.1 Propriedades termofísicas dos fluidos de transferência de calor

Neste trabalho, a capacidade de aquecimento de uma serpentina hidrónica é comparada com uma variedade de diferentes fluidos de transferência de calor. Estes incluem uma solução de 60% de etilenoglicol/40% de água (em massa) (doravante designada por 60% EG) e nanofluidos compostos por um fluido de base 60% EG com nanopartículas   de Al O$_{23}$ uniformemente dispersas em concentrações volumétricas de 1%. Os dados das propriedades termofísicas para o 60% EG foram retirados de ASHRAE Fundamentals [18]. As propriedades termofísicas do ar e da água são retiradas dos dados tabulares apresentados por Bejan [19] e são aplicadas as curvas de melhor ajuste.

Densidade: Para a densidade do ar, foi aplicado um ajuste de curva polinomial aos dados de propriedade, com $R^2 >0,99$. A equação para o polinómio ajustado é

$$\rho_{air} = 2.3548 \times 10^{-5} \cdot T^2 - 1.7928 \times 10^{-2} \cdot T + 4.4289 \tag{1}$$

em que ρ_{air} é em kg/m^3 e o intervalo válido para a correlação é $173\text{K} < \text{T} < 333\text{K}$.

O ajuste da curva polinomial para a densidade da água é:

$$\rho_w = -0.0036 T^2 + 1.8717 T + 754.93 \tag{2}$$

A correlação aplica-se no intervalo 273K<T<373K. Para esta correlação, $R^2 = 1.0$

Para a densidade do EG 60%, foi utilizada a seguinte correlação de Ray et al. [20]:

$$\left(\frac{\rho}{\rho_o}\right)_{bf} = A + B\left(\frac{T}{T_o}\right) + C\left(\frac{T}{T_o}\right)^2 \tag{3}$$

em que $\rho_o = 1091.66\frac{kg}{m^3}$, A=0,9247, B=0,2414, e C=-0,1661. $R^2 =1$, e o erro de ajuste da curva é de 0,01%. Pak e Cho [21] adoptaram pela primeira vez uma relação para a densidade efectiva dos nanofluidos a partir de pesquisas anteriores realizadas com micropartículas em líquido. A relação é a seguinte

$$\rho_{nf} = \phi\rho_s + (1-\phi)\rho_{nf} \tag{4}$$

Calor específico: Para o calor específico do ar, é utilizado um valor constante de 1006 J/kg-K (o calor específico do ar não se altera significativamente na gama de temperaturas de interesse para este estudo). Para a água, foi aplicado o seguinte ajuste de curva polinomial aos dados de Bejan [19]:

$$c_{p,w} = -1.463 \times 10^{-7}T^3 + 1.562 \times 10^{-4}T^2 - 5.474 \times 10^{-2}T + 10.50 \tag{5}$$

Esta correlação aplica-se para 273K<T<373K. Para esta correlação, $R^2 = 0,98$.

Para o calor específico do EG 60% (em J/kg-K), foi desenvolvida a seguinte correlação a partir de dados da ASHRAE [18]:

$$\left(\frac{c_p}{c_{p,o}}\right)_{bf} = A + B\left(\frac{T}{T_o}\right) \tag{6}$$

em que $c_{p,o} = 3042.02 \dfrac{J}{kg \cdot K}$, A=0.6185 e B=-0.3814. $R^2 =1$, e o erro de ajuste da curva é de 0,01%.

Vajjha, et al. [22] desenvolveram uma correlação de calor específico para um nanofluido composto por nanopartículas de Al O_{23} com um tamanho médio de partícula de 45 nm em 60% EG. A correlação é:

$$\frac{c_{p,nf}}{c_{p,bf}} = \frac{\left[A\left(\dfrac{T}{T_o}\right) + B\left(\dfrac{c_{p,p}}{c_{p,bf}}\right)\right]}{(C + \phi)} \tag{7}$$

onde A = 0,24327, B=0,5179 e C=0,4250. A correlação é válida para 315 K< T < 363 K; 0,01< φ< 0,1 e c_p está em J/(kg-K). O valor do calor específico para a partícula de Al O_{23} é $c_{p,p} = 773 \dfrac{J}{kg \cdot K}$. A incerteza para esta correlação é de 3,1%.

Viscosidade: Para a viscosidade da água (em Pa· s), foi selecionada uma correlação apresentada em White [23]. A equação é a seguinte

$$\ln\left(\frac{\mu}{\mu_o}\right) = A + B\left(\frac{T_o}{T}\right) + C\left(\frac{T_o}{T}\right)^2 \tag{8}$$

em que T_o =273,16 K e $\mu_o = 0.001792 Pa \cdot s$ A=-1,94, B=-4,80 e C=6,74, com uma exatidão de aproximadamente $\pm$ 1% na gama $273K < T < 373K$.

Para a viscosidade do EG 60% (em $Pa\text{-}s$), foi utilizada uma equação semelhante. Esta correlação foi desenvolvida por Ray et al. [20] a partir de dados apresentados na ASHRAE. Para este líquido, μ_o =$0,01179 Pa\text{-}s$, A=-4,976, B=-1,942 e C=6,9088. R^2 =1, e o erro de ajuste da curva é de 0,01%.

Vajjha e Das [5] apresentaram as seguintes correlações a partir de experiências para calcular a viscosidade (em $Pa\text{-}s$) de nanofluidos compostos por nanopartículas de Al O_{23} dispersas em 60% de fluido de base EG

$$\frac{\mu_{nf}}{\mu_{bf}} = Ae^{-B\phi} \tag{9}$$

$A = 0.9830$ e $B = 12.9590$ para Al O_{23} com ϕ até 10% ($0 < \phi < 0,10$)

Esta correlação de viscosidade foi desenvolvida para o intervalo $273K < T < 360K$. O desvio máximo das curvas ajustadas em relação aos dados experimentais foi de 8%.

Condutividade térmica: Para a condutividade térmica do ar (W/m-K), foi aplicada uma curva linear aos dados da propriedade de Bejan [19], com $R^2 > 0,99$. A equação para a linha ajustada é

$$k_{air} = 7.5576\times10^{-5}T + 3.1203\times10^{-3} \qquad (10a)$$

Para a água, foi desenvolvida a seguinte correlação polinomial:

$$k_{w} = -8.1585\times10^{-6}T^{2} + 6.4704\times10^{-3}T - 0.5997 \qquad (10b)$$

O ajuste da curva aplica-se ao intervalo $273K < T < 373K$, com $R^2 = 0{,}99$.

Para a condutividade térmica do EG 60%, o ajuste da curva utilizado é o seguinte

$$\left(\frac{k}{k_o}\right)_{bf} = A + B\left(\frac{T}{T_o}\right) + C\left(\frac{T}{T_o}\right)^{2} \qquad (11)$$

em que $k_o = 0{,}342\,\dfrac{W}{m\cdot K}$, A=-0,2939, B=1,981, e C=-0,6868. $R^2 = 0{,}999$ e o erro de ajuste da curva é de 0,11% para a correlação apresentada por Ray, et al. [20].

A partir de experiências com nanopartículas de Al O_{23} dispersas em 60% de EG, Vajjha e Das [16] desenvolveram uma correlação de condutividade térmica baseada numa melhoria do modelo de Koo-Kleinstreuer [24].

$$k_{nf} = \left[\frac{k_s + 2k_{bf} - 2\phi\left(k_{bf} - k_s\right)}{k_s + 2k_{bf} + \phi\left(k_{bf} - k_s\right)}\right]k_{bf} + 5\times10^{4}\,\beta\phi\rho_{bf}c_{p,bf}\sqrt{\frac{\kappa T}{\rho_s d_p}}f\left(T,\phi\right) \qquad (12a)$$

Onde

$$f\left(T,\phi\right) = \left(1.0336\times10^{-4}\phi + 1.4348\times10^{-5}\right)T - \left(3.0669\times10^{-2}\phi + 3.91123\times \qquad (12b)\right.$$

.

Para nanofluidos compostos por nanopartículas de Al O_{23} ,

$$\beta = 8.4407 \left(100\phi\right)^{-1.07304}$$ (12c)

Essas correlações se aplicam a temperaturas na faixa de 293K<T<363K para Al O_{23} concentração volumétrica de 0,01< φ<0,10. O d_p na Eq. (12a) é o diâmetro médio das partículas expresso em metros. O desvio médio para a correlação do conjunto de dados é de 0,23%.

O primeiro termo da Eq. (12a) é a conhecida equação de Hamilton-Crosser [25], enquanto que o segundo termo foi desenvolvido para ter em conta o movimento browniano associado às nanopartículas. Postula-se que a transferência de calor é reforçada pela geração de convecção em microescala em torno das partículas devido ao seu movimento browniano. Esta transferência de calor melhorada reflecte-se no aumento da condutividade térmica efectiva do nanofluido. Para esta análise, todas as propriedades termofísicas do nanofluido são avaliadas considerando nanopartículas de Al O_{23} com um diâmetro de 45 nm. Todos os dados de propriedade para o ar são adequados para uso na faixa de 173K < T < 333K. Para todas as curvas de propriedades termofísicas do ar - ajustes R^2 >0,99.

Fator de atrito: Churchill [26] desenvolveu uma correlação para o cálculo do fator de atrito para escoamentos internos completamente desenvolvidos que é válida para condutas lisas ou rugosas e que pode ser aplicada a qualquer número de Reynolds. A fórmula é a seguinte

$$f = 8\left(\left(\frac{8}{\text{Re}}\right)^{12} + (a+b)^{-1.5}\right)^{\frac{1}{12}}$$

(13a)

Onde

$$a = \left(2.457\ln\left(\left(\frac{7}{\text{Re}}\right)^{0.9} + 0.27\frac{\varepsilon}{D}\right)^{-1}\right)^{16}$$

(12b)

$$b = \left(\frac{37530}{\text{Re}}\right)^{16}$$

(13c)

Neste caso, considerando que a tubagem na secção de permuta de calor é tubagem estirada, é utilizada uma rugosidade absoluta (ε) de 0,0015 mm.

O comprimento de entrada para um fluxo interno no regime turbulento é encontrado usando esta equação de White [23]:

$$\frac{L_e}{D} = 1.6\,\text{Re}^{\frac{1}{4}}$$

(14)

As perdas viscosas através do aparelho da bobina estão relacionadas com o fator de atrito e o coeficiente de perdas menores pode ser calculado utilizando a seguinte relação de White [23]:

$$\Delta P = \left(\Sigma K + f\frac{L}{D_i}\right)\frac{\rho V^2}{2}$$

(15)

O *fator K*, o coeficiente de perdas menores, é um valor caraterístico que depende da configuração dos cotovelos, tês, curvas de retorno e outros

170

acessórios e caraterísticas geométricas do aparelho que quantifica as perdas viscosas associadas à configuração da tubagem.

4.2.2 Parâmetros de transferência de calor de fluidos:

Os vários parâmetros, tais como os factores "j" e "G" do lado do ar, necessários para calcular o desempenho da serpentina, são calculados utilizando correlações e abordagens já estabelecidas, documentadas em Shah e Sekulic [27]. Estas correlações podem ser aplicadas para calcular o coeficiente de transferência de calor exterior, ou do lado do ar, da bobina.

$$h_o = jGc_p \, \mathrm{Pr}^{-\frac{2}{3}} \qquad (16)$$

Para calcular o coeficiente de transferência de calor por convecção no lado do líquido quando um fluido de base monofásico está a circular num regime de fluxo laminar, o número de Nusselt é um valor fixo. Normalmente, os valores aceites são 3,66 para uma temperatura uniforme da parede e 4,364 para um fluxo de calor uniforme. Para escoamentos internos turbulentos, são aplicáveis duas correlações do número de Nusselt e do número de Stanton amplamente adoptadas por Dittus-Boelter [28] e Petukhov [29]. A correlação de Dittus-Boelter quando o fluido está a ser arrefecido é

$$Nu = 0.023 \, \mathrm{Re}^{0.8} \, \mathrm{Pr}^{0.3} \qquad (17)$$

A correlação é válida para $0,7 \leq \mathrm{Pr} \leq 120$ e $2,5\mathrm{x}10^3 \leq \mathrm{Re} \leq 1,24\mathrm{x}10^5$ e L/D > 60 ([1]) para líquidos num tubo circular liso, com escoamento totalmente desenvolvido.

A segunda correlação que pode ser utilizada para prever o número de Nusselt para um escoamento turbulento e totalmente desenvolvido em tubos lisos é a de Petukhov. É indicada como:

$$St = \frac{\left(\dfrac{f}{8}\right)}{\left[1+12.7\left(\dfrac{f}{8}\right)^{\frac{1}{2}}\left(\mathrm{Pr}^{\frac{2}{3}}-1\right)\right]} \tag{18}$$

Onde

$$St = \frac{Nu}{PrRe} \tag{18b}$$

$$f = \left(0.79\,\ln(\mathrm{Re})-1.64\right)^{-2} \tag{18c}$$

Esta correlação foi modificada por Gnielinski [30] para a tornar mais aplicável em geral:

$$Nu = \frac{\left(\dfrac{f}{8}\right)(\mathrm{Re}-1000)\,\mathrm{Pr}}{\left[1+12.7\left(\dfrac{f}{8}\right)^{\frac{1}{2}}\left(\mathrm{Pr}^{\frac{2}{3}}-1\right)\right]} \tag{19a}$$

Onde f é calculado utilizando a Eq. (18c) acima. Esta correlação é válida para $2300 < \mathrm{Re} < 5\mathrm{x}10^6$. A sua exatidão é de $\pm$ 10 %, de acordo com Gnielinski [30].

Mais recentemente, Abraham et al. [31] desenvolveram uma correlação para calcular o fator de atrito para escoamentos internos com números de Reynolds na gama de transição (2.*300*<*Re*<*4*.500). A turbulência no escoamento aumenta de intensidade com o aumento do número de Reynolds. Esta equação do fator de atrito pode ser aplicada à equação de Gnielinski modificada. Esta equação é apresentada como:

$$f = 3.03 \times 10^{-12} - 3.67 \times 10^{-8} + 1.46 \times 10^{-4} - 0.151 \quad (19\text{b})$$

Para escoamentos que transitem entre regimes de escoamento laminar e turbulento, e em escoamentos internos de tubos rectos, o número de Nusselt pode ser determinado utilizando o fator de atrito baseado no número de Reynolds.

Abraham, et al. [32] propuseram também as seguintes correlações do número de Nusselt na gama de transição $2300 < \text{Re} < 3100$

$$Nu_{UHF} = 3.5239\left(\frac{Re}{1000}\right)^4 - 45.148\left(\frac{Re}{1000}\right)^3 + 212.13\left(\frac{Re}{1000}\right)^2 - 427.45\left(\frac{Re}{1000}\right) + 316 \quad (20\text{a})$$

$$Nu_{UWT} = 2.2407\left(\frac{Re}{1000}\right)^4 - 29.499\left(\frac{Re}{1000}\right)^3 + 142.32\left(\frac{Re}{1000}\right)^2 - 292.51\left(\frac{Re}{1000}\right) + 219 \quad (20\text{b})$$

As equações (20a) e (20b) são aplicáveis a escoamentos sujeitos a um fluxo de calor uniforme e a uma temperatura uniforme da parede, respetivamente. Estas correlações foram derivadas com base em estudos CFD e referem-se a escoamentos totalmente desenvolvidos num tubo reto com um fluido de trabalho com Pr=0,7 (típico do ar).

O coeficiente de transferência de calor por convecção interior é calculado utilizando a relação padrão:

$$h_i = \frac{Nu \cdot k}{D_i} \tag{21}$$

4.2.3 Resistência térmica global:

O valor global de UA do processo de permuta de calor líquido-ar é calculado utilizando uma equação básica de transferência de calor:

$$\frac{1}{UA} = \frac{LMTD}{\dot{Q}} \tag{22}$$

De McQuiston, et al. [33], a resistência térmica total da bobina está relacionada com o coeficiente de transferência de calor interior e exterior através destas equações:

$$\frac{1}{UA} = \frac{1}{h_i A_i} + \frac{1}{\eta h_o A_o} \tag{23}$$

A eficiência global das alhetas, denotada por η, é calculada utilizando a abordagem descrita em McQuiston, et al. A equação (23) negligencia a resistência condutora no interior devido às alhetas metálicas, à parede do tubo e aos factores de incrustação. Rearranjando para isolar a resistência térmica interna no lado esquerdo da equação, obtém-se

$$\frac{1}{h_i A_i} = \frac{1}{UA} - \frac{1}{\eta h_o A_o} \tag{24}$$

As taxas medidas de transferência de calor podem então ser utilizadas para calcular a resistência térmica global do sistema de transferência de calor. A resistência térmica exterior pode também ser calculada

174

utilizando dados de ensaio de base efectuados com água. O coeficiente de transferência de calor interior é determinado utilizando a correlação de fluxo interno apropriada descrita anteriormente, tornando assim possível resolver h_o. Para o teste de base e o teste experimental, os dados de propriedade previamente estabelecidos são então utilizados para calcular o número de Nusselt para o fluxo interno na tubagem.

4.2.4 Taxa de transferência de calor:

A taxa de transferência de calor no fluxo de líquido é calculada utilizando a primeira lei da termodinâmica:

$$\dot{Q}_{liq} = \dot{V}_{liq}\rho c_{p,liq}\left(T_{out} - T_{in}\right)_{liq} \tag{25}$$

Do mesmo modo, a taxa de transferência de calor para a corrente de ar é calculada da seguinte forma:

$$\dot{Q}_{air} = \dot{V}_{air}\rho c_{p,air}\left(T_{out} - T_{in}\right)_{air} \tag{26}$$

A densidade é avaliada à temperatura de entrada ou de saída, dependendo da posição do dispositivo de medição. Para o lado do líquido, o dispositivo de medição encontra-se no lado de saída da secção de permuta de calor. No lado do ar, o dispositivo de medição encontra-se no lado de entrada da secção de permuta de calor. O calor específico é avaliado à temperatura média matemática através das secções de permuta de calor para os respectivos fluxos de fluido.

4.2.5 Potência de bombagem

A potência de bombagem do líquido é calculada utilizando a seguinte equação de White [23]:

$$\dot{W} = \dot{V}\Delta P \tag{27}$$

Neste contexto, a pressão diferencial é medida entre a entrada de líquido e a saída da secção de permuta de calor.

4.2.6 Propriedades do ar húmido:

Para o ar atmosférico húmido, o calor absorvido à medida que o fluxo se move através de um permutador de calor líquido-ar com alhetas é encontrado utilizando a seguinte equação:

$$\dot{Q} = \dot{m}_a[(h_a - \omega h_v)_2 - (h_a - \omega h_v)_1] \tag{28}$$

O ar utilizado nos ensaios foi retirado de um ambiente interior ocupado que não estava sujeito a um controlo direto da humidade e, consequentemente, a humidade relativa do ar de entrada era variável. Isto afectou as propriedades termofísicas do ar, o que, por sua vez, afectou potencialmente os cálculos do balanço energético. O banco de ensaio não estava equipado com um monitor de humidade contínuo em linha integrado no DAQ e, uma vez que não é trivial calcular as propriedades do ar húmido no contexto da recolha contínua de dados com alterações na humidade relativa, foi necessário, do ponto de vista prático, aplicar as propriedades do ar seco aos cálculos do balanço energético. O ar no ambiente de ensaio foi monitorizado utilizando um medidor de humidade portátil, e observou-se que era relativamente elevado durante os ensaios de base - na gama de 50-65%RH. No entanto, durante os ensaios com o nanofluido, a humidade relativa foi consideravelmente mais baixa, variando entre 20-34%.RH. Considerando os dados psicrométricos normalmente disponíveis para as condições do ar de entrada aqui experimentadas e utilizando a equação de energia acima, a diferença na mudança de entalpia associada ao aquecimento de ar húmido versus ar seco nas condições de teste aqui criadas varia entre 0,9-1,5%. Por conseguinte, a utilização das propriedades do ar seco é considerada aceitável para efeitos do presente ensaio.

4.2.7 Considerações sobre a exergia

Recentemente, em estudos relacionados com a conceção e o desempenho de permutadores de calor, como as serpentinas de ar, os investigadores utilizam os princípios da segunda lei da termodinâmica para avaliar o impacto dos dispositivos e processos na destruição de exergia, ou disponibilidade. A destruição de exergia deve-se à irreversibilidade termodinâmica e à geração de entropia num processo, incluindo a transferência de calor e os fluxos de fluidos viscosos necessários para a transferência de calor através de um permutador. M inimização da geração de entropia e, por extensão, do consumo de exergia é uma parte importante da avaliação da eficiência global de um processo e do seu impacto ambiental. Neste estudo, os nanofluidos e o fluido de base são avaliados no que respeita à destruição de exergia num processo de transferência de calor, considerando múltiplas variáveis.

À medida que a geração de entropia aumenta no processo, a exergia do sistema é reduzida. Nesta experiência, a energia é transferida do fluxo de líquido quente para o fluxo de ar frio através das alhetas e dos tubos da serpentina de aquecimento, com a entropia gerada no processo a resultar numa redução da disponibilidade. A mudança de exergia do processo é composta por três fontes principais, perdas por transferência de calor através de uma diferença de temperatura finita, perdas viscosas e perdas para o ambiente, conforme expresso na equação [34]:

$$B_P = B_{\Delta T} + B_{\Delta P} + B_L \tag{29}$$

B_P é a variação de exergia do processo; as partes associadas à transferência de calor, às perdas viscosas e às perdas para o ambiente são indicadas com os subscritos ΔT, ΔP e L, respetivamente. Nesta experiência, a variação total de exergia é medida diretamente através de medições dos fluxos e temperaturas das correntes quente e fria. Uma vez que as perdas viscosas à medida que o líquido e o ar fluem através da tubagem da bobina e através das alhetas, respetivamente, são convertidas em calor e reflectem-se nas temperaturas de ambos os fluxos, as perdas viscosas não necessitam de ser calculadas separadamente. As perdas para o ambiente são minimizadas através da utilização liberal de isolamento, pelo que não são tidas em conta. As propriedades melhoradas de transferência de calor do nanofluido podem reduzir a exergia consumida durante o processo de troca de calor, contribuindo assim para uma melhoria da eficiência termodinâmica global do processo. As equações para calcular a mudança de exergia do processo estão descritas em Bejan [35] e são aqui apresentadas:

Para efeitos desta experiência, a variação de entropia do processo pode ser calculada utilizando a seguinte equação:

$$\dot{S}_P = \dot{S}_{P,C} + \dot{S}_{P,h} \tag{30}$$

$$\dot{S}_P = C_H \cdot ln\left(\frac{T_{H,in}}{T_{H,out}}\right) + C_C \cdot ln\left(\frac{T_{C,in}}{T_{C,out}}\right) \tag{31}$$

Nestas equações, $\dot{S}_P$ é a taxa de geração de entropia, o subscrito P refere-se ao processo, e os subscritos C e H referem-se aos fluxos quente (líquido) e frio (ar), respetivamente. A alteração na exergia pode ser conceptualizada como a diferença quantitativa na disponibilidade entre o fluxo de líquido e o fluxo de ar. A exergia está relacionada com a variação de entropia pela relação:

$$B_P = T_C \dot{S}_P \tag{32}$$

Para um processo de troca de calor como este, em que o calor é trocado do líquido para o ar, a relação entre a exergia dos fluxos e a entropia gerada é expressa da seguinte forma:

179

$$B_H - B_C = B_P \tag{33}$$

Onde B_H é a exergia do fluxo quente (líquido) e B_C é a exergia do

fluxo frio (ar).

4.3 Resultados

4.3.1 Análise da incerteza dos dados experimentais

O erro experimental total no cálculo da taxa de transferência de calor das

correntes de líquido e de ar é encontrado através da agregação de todas

as fontes de erro conhecidas no banco de ensaio. O erro do banco de

ensaio foi analisado em pormenor anteriormente no artigo de Strandberg

e Das [14]. A configuração física e a instrumentação permaneceram

inalteradas em relação ao teste anterior, e a análise ainda se aplica em

grande parte. Para este estudo, as propriedades do lado do ar são

utilizadas para comparar o desempenho térmico.

Tabela 4.3. Erro de instrumentação publicado pelos fabricantes

Dispositivo	Erro
Medidor de caudal de líquidos (Omega SES050)	±1% escala completa/10 GPM escala completa
Termístores de líquidos (Omega TH-44004)	±0,1°C/75°C escala completa
Transdutor de pressão diferencial (Omega PX81), no lado do líquido	±.25% escala completa/10 psi escala completa
Medidor Venturi de Ar (Lambda Square Modelo 2300)	±,75% efetivo
Transdutor de pressão (Omega PX653-035DV), no lado do ar	±0,05% escala completa (3 polegadas WC escala completa)
Estação de fluxo Ebtron (série Silver)	±0,15°C da leitura

O erro total de medição da taxa líquida de transferência de calor utilizando água, e com base no agregado de erros publicados, é de 1,1%. O erro total de medição da taxa de transferência de calor no lado do ar é de 0,8%.

O erro (em percentagem) no cálculo da taxa de transferência de calor é calculado utilizando a equação:

$$\frac{\Delta z}{z} = \left[\sum_{n=1}^{i}\left(\frac{\Delta x}{x}\right)_i^2\right]^{1/2} \tag{34}$$

em que x_1, x_2, x_3 e x_4 são variáveis no cálculo da taxa de transferência de calor, incluindo o calor específico, o caudal volumétrico do fluido, a diferença de temperatura e a densidade, respetivamente, de acordo com as Eqs. (25) e (26).

Para este estudo, outras fontes de erro experimental que foram identificadas incluem a contaminação do líquido do circuito de teste e a degradação das propriedades da solução ao longo do tempo. A contaminação do líquido é causada pelo líquido que fica retido no circuito. Isto foi mitigado soprando o circuito com ar para forçar o resíduo a sair do circuito. Os autores tentaram verificar a composição das misturas utilizando um viscosímetro. Este esforço teve resultados mistos, uma vez que as leituras de viscosidade não coincidiram de perto com os dados empíricos.

4.3.2 Testes de base

Strandberg e Das [14] efectuaram anteriormente ensaios de base neste aparelho de ensaio para validar a instrumentação e a metodologia de ensaio. Os ensaios de base originais já demonstraram que o banco de ensaio gera dados de desempenho em conformidade com as expectativas. No entanto, foram realizados ensaios adicionais no banco de ensaio para demonstrar que o desempenho da transferência de calor medido pela instrumentação está de acordo com o que é esperado, conforme determinado pelos dados e cálculos do fabricante com base em métodos aceites na literatura. Os ensaios adicionais destinam-se a validar que a deslocalização e as revisões relativamente pequenas da tubagem não afectaram negativamente a qualidade dos dados gerados pela plataforma. O teste de base do aparelho foi realizado utilizando água no lado "húmido" do circuito de teste. Os ensaios foram concebidos para verificar se a saída térmica medida da serpentina de aquecimento líquido-ar está de acordo com os dados do produto do fabricante. A água quente circula através dos tubos da serpentina de aquecimento, enquanto aquece o ar aspirado através das alhetas. Os instrumentos do banco de ensaio medem os caudais volumétricos e as temperaturas médias nos fluxos de ar e de água, sendo a taxa de transferência de calor entre os fluxos de água e de ar calculada a partir daí.

Outro objetivo do ensaio de base é caraterizar o balanço energético entre as correntes de ar e de água ao longo do período de funcionamento do ensaio. A diferença entre as taxas de transferência de calor medidas nos dois fluxos é uma medida importante do erro experimental no aparelho de ensaio. A quantificação e minimização do desequilíbrio energético é importante, pois dá uma indicação de que a taxa de perda de energia para o ambiente foi controlada e fornece a verificação primária do desempenho do medidor venturi de ar. Ao validar o desempenho do medidor venturi de ar, a análise do desempenho da transferência de calor do nanofluido tornar-se-á mais simples, uma vez que as propriedades termofísicas do ar são bem compreendidas ao longo da gama de condições de ensaio e as propriedades do ar são também constantes ao longo do tempo (a temperatura e pressão constantes). Ao contrário do ar, as propriedades termofísicas dos nanofluidos podem mudar ao longo do tempo devido à aglomeração ou sedimentação das partículas.

Foi realizado um teste de base em que o caudal volumétrico da água é variado, enquanto as temperaturas de entrada do líquido e do ar, bem como o caudal volumétrico do ar, são mantidos constantes a 340K, 289K e 0,23 m^3 /s, respetivamente. O resultado deste teste é ilustrado na Figura 4.5, com a taxa calculada de transferência de calor para as correntes de ar e de líquido. Neste ensaio, foram registados 708 pontos individuais para ambos os fluxos de fluido. A diferença média entre a taxa de transferência de calor calculada para o lado do ar e para o lado do líquido é de 10,0%. Para validação adicional das medições empíricas, a serpentina é modelada usando condições de entrada e configuração idênticas, utilizando a abordagem descrita por Strandberg e Das [13]. A taxa de transferência de calor da serpentina modelada, na mesma gama de caudais de líquido, situa-se dentro de 3% (verificar) da taxa de transferência de calor do ar obtida empiricamente na gama testada. Para efeitos de comparação de desempenho, é utilizada a média das taxas de transferência de calor do líquido e do ar. Deixou-se que o banco de ensaio atingisse o estado estacionário antes de se iniciar a recolha de dados.

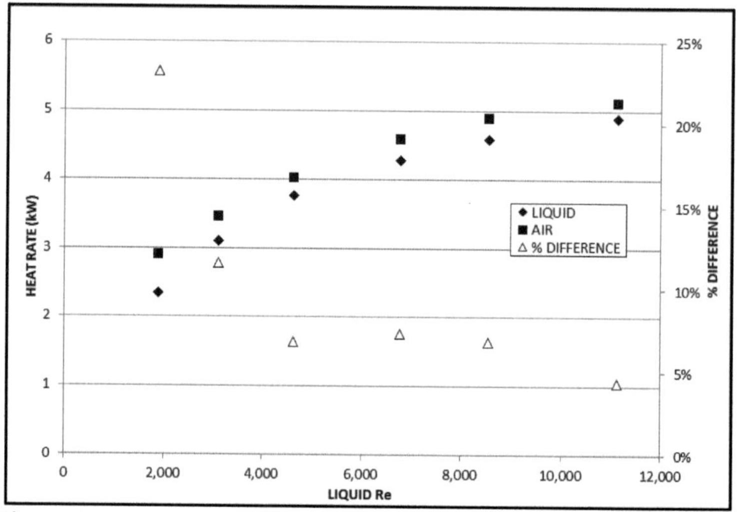

Figura 4.5. Taxa de calor versus número de Reynolds, temperatura de entrada constante.

No segundo teste de base, a temperatura da água de entrada é variada e o caudal volumétrico da água e do ar é mantido constante. O caudal volumétrico do líquido é mantido constante a 0,063 L/s, enquanto o

caudal de ar é mantido constante a 0,222 m³ /s. O resultado deste ensaio

é ilustrado na Figura 4.6. A diferença entre a taxa de transferência de

calor calculada para o lado do ar e para o lado do líquido varia entre

0,23% e 9,4%, com uma média de 3,4%. Para este ensaio, o número total

de pontos de dados é 902 (com 64 a 192 observações a cada temperatura).

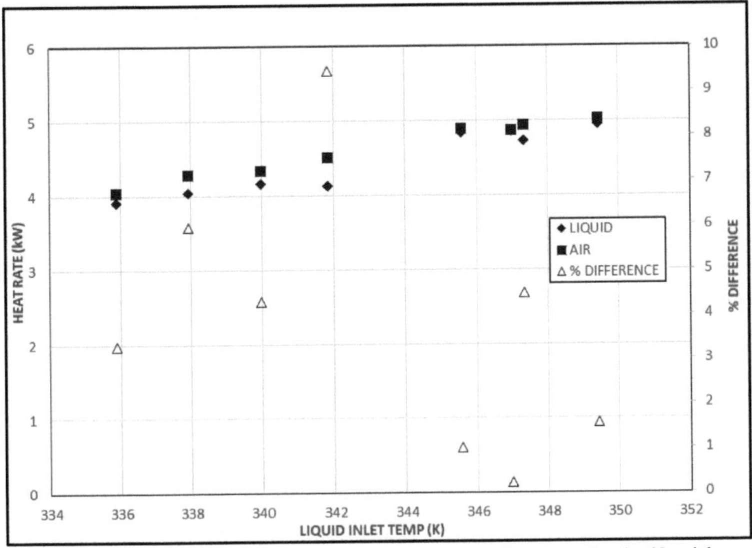

Figura 4.6Taxa de calor versus temperatura de entrada do líquido,
caudal volumétrico constante.

O teste de base seguinte consistiu em medir as perdas viscosas através

da serpentina hidrónica numa gama de caudais. Estes dados são

ilustrados na Figura 4.7. A perda de pressão medida através do aparelho

185

da serpentina está de acordo com os dados publicados pelos fabricantes da serpentina, muito bem, ao longo da gama de caudais observados.

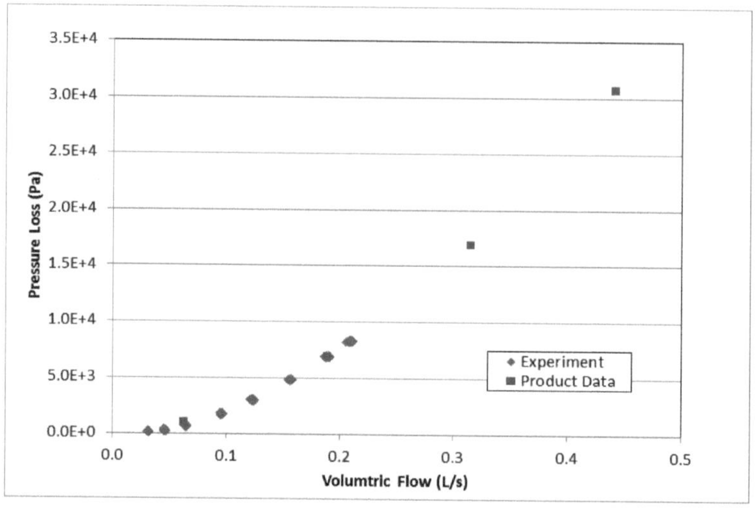

Figura 4.7Perda de pressão medida através da bobina comparada com os dados técnicos do produto Titus.

Utilizando os dados recolhidos nos ensaios de base, o coeficiente de transferência de calor "interior" foi calculado como um controlo adicional para verificar se os valores medidos estavam de acordo com os previstos pelas correlações existentes. Na Figura 4.8, um gráfico mostra o coeficiente de transferência de calor "interior" determinado empiricamente em comparação com os valores calculados utilizando a correlação de Petukhov em função do número de Reynolds. Este ensaio foi realizado com velocidade constante do lado do ar e num regime de temperatura e pressão de propriedades termofísicas relativamente

186

constantes para o ar. Por conseguinte, é razoável supor que o coeficiente de transferência de calor exterior permanecerá relativamente constante em toda a gama de caudais volumétricos de líquido. O caudal de ar foi mantido constante a 0,230 m³ /s (487 CFM); as temperaturas de entrada do ar e do líquido também foram mantidas constantes. Os fluxos de líquido foram variados através da serpentina de 0,019 a 0,10 L/s (0,3 a 1,5 GPM)). As taxas de transferência de calor para o líquido e o ar foram obtidas a partir das Eqs. (25) e (26), utilizando as taxas de fluxo volumétrico e as temperaturas medidas. O LMTD foi calculado a partir das temperaturas de entrada e saída dos fluxos de fluido medidas. O produto UA foi obtido a partir da Eq. (22). Os coeficientes de transferência de calor interior e exterior foram determinados calculando os valores do coeficiente interior através da correlação de Petukhov utilizando a Eq. (18) e, em seguida, calculando o coeficiente de transferência de calor exterior através do rearranjo da Eq. (23). Com base nas condições físicas do ensaio, em que a velocidade do fluxo de ar permanece constante, assume-se que os valores ao longo da gama de ensaios. Utilizando a correlação de Petukhov e reorganizando a Eq. (23), o valor médio encontrado para $\eta h\, A_{oo}$ é de 193 W/K. Nos caudais mais baixos observados, os números de Reynolds do líquido caem para a gama normalmente considerada "transitória", no que diz respeito à presença de turbulência no fluxo de líquido. No entanto, a correlação de Petukhov, uma correlação concebida para caudais totalmente turbulentos, ajusta-se aos valores obtidos empiricamente com $R^2 = 0,89$ e excede os números de Nusselt determinados empiricamente na gama testada (o desvio médio na gama testada é de 12,2%). Os números de Nusselt na gama transitória de números de Reynolds são tipicamente mais baixos do que no regime totalmente turbulento. Isto pode demonstrar o efeito das curvas da tubagem na facilitação da transferência de calor, uma vez que podem criar fluxos secundários que servem para aumentar a mistura dentro do fluxo em números de Reynolds que estão fora da gama turbulenta. O valor de $\eta h\, A_{oo}$ encontrado acima é apenas 3,9% menor do que o encontrado usando a Eq (16), mostrando uma boa concordância entre os dados medidos e as correlações previamente estabelecidas. Uma vez que a resistência térmica externa permanecerá essencialmente inalterada pelas propriedades do líquido que flui no interior do tubo, este valor é utilizado para ajudar a avaliar o desempenho da transferência de calor dos nanofluidos nos testes de desempenho a seguir.

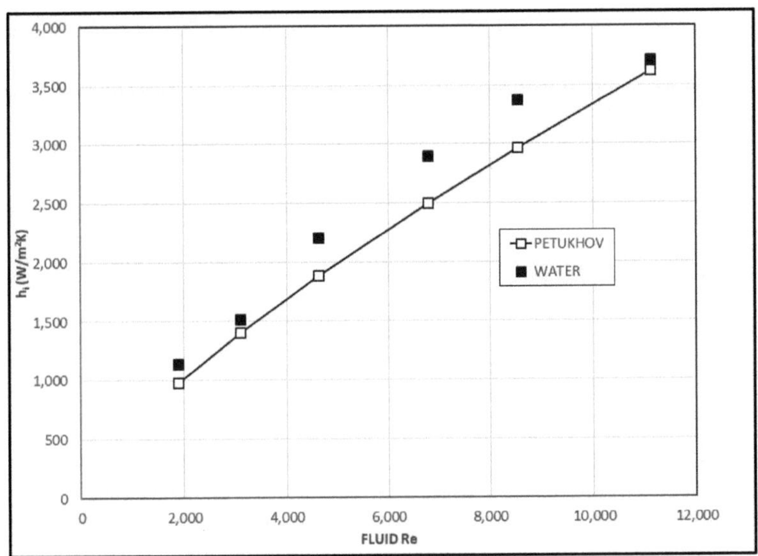

Figura 4.8. Comparação do coeficiente de transferência de calor determinado empiricamente com os valores calculados utilizando a correlação de Petukhov.

4.3.3 Teste de desempenho de nanofluidos

Para esta experiência, os autores formularam nanofluidos 60% EG/Al O_{23} com concentrações volumétricas de partículas de 1%, 2% e 3% e o fluido de base (60% EG). Estas soluções foram introduzidas separadamente no banco de ensaio e submetidas a uma série de testes de desempenho. Estes testes foram concebidos para caraterizar as diferenças no desempenho da transferência de calor entre o nanofluido Al O_{23} /60% EG e o 60% EG medido durante os testes. Para esta série de testes, as temperaturas de entrada do líquido e do ar foram mantidas constantes e as taxas de fluxo volumétrico do líquido foram variadas.

189

Numa tentativa de minimizar a contaminação dos fluidos, entre cada série de testes, o circuito foi drenado, enchido de novo com água e limpo até a água de enxaguamento sair límpida. A tubagem foi parcialmente desmontada e deixada a escorrer. Finalmente, todas as secções foram sopradas com ar comprimido a alta pressão para limpar os fluidos residuais. Após a conclusão, o sistema foi novamente enchido com o fluido de ensaio.

Na Figura 4.9, os coeficientes de transferência de calor no interior para o fluido de base (60% EG) são comparados com os dos nanofluidos Al O_{23} /60% EG para fluxos volumétricos líquidos que variam de aproximadamente 0,025 a 0,2 L/s (0,4 a 3,2 GPM). O coeficiente de transferência de calor interno foi encontrado calculando primeiro a taxa medida de transferência de calor e LMTD, com base nos dados medidos, e depois determinando UA com base na relação bem conhecida:

$$\dot{Q} = UA \cdot LMTD \tag{35}$$

Assume-se que a resistência térmica exterior ($\eta h\, A_{oo}$) tem um valor de 193 W/K, tal como determinado no ensaio de base. O coeficiente de transferência de calor interior foi então calculado considerando a área da superfície interior da secção de transferência de calor a partir da Eq. (24). Outro trabalho experimental efectuado por Strandberg e Das [14] comparando o desempenho da transferência de calor de 60% EG com 1% 60%EG/Al O_{23} não mostrou uma melhoria significativa no desempenho da transferência de calor do nanofluido em relação ao fluido de base. Este facto foi atribuído à temperatura relativamente baixa do líquido testado, que foi limitada pela fonte de calor ligada ao equipamento de teste. Os dados da Figura 4.9, que representam os coeficientes de transferência de calor no interior determinados empiricamente para as soluções testadas, mostram que, à medida que a concentração do nanofluido aumenta, os coeficientes de transferência de calor no interior diminuem em condições de igual caudal volumétrico.

Na experiência atual, o coeficiente de transferência de calor diminui em 5,7%, 23,0% e 443% para 1%, 2% e 3% de nanofluidos $Al\,O_{23}$ /60% EG em comparação com o fluido de base 60% EG, respetivamente, a um fluxo constante de 0,15 L/s (2,4 GPM). Devido à viscosidade relativamente mais elevada dos nanofluidos, o número de Reynolds para um determinado caudal volumétrico é geralmente inferior ao do fluido de base. Para os fluxos internos, o número de Nusselt e o coeficiente de transferência de calor por convecção são proporcionais ao número de Reynolds, de acordo com teorias bem estabelecidas expressas nas Eqs (17), (18a) e (19a). Por conseguinte, é de esperar que o coeficiente de transferência de calor dos nanofluidos seja inferior ao do seu fluido de base, quando comparados numa base de fluxo volumétrico constante. Note-se que existem dois conjuntos de dados para 60% EG que foram obtidos em dias diferentes.

No início do ciclo de testes, após a observação da relativa falta de desempenho térmico dos nanofluidos, os autores tentaram verificar se as propriedades termofísicas da solução eram as esperadas com base nas correlações citadas anteriormente. Para isso, amostras representativas das soluções foram testadas num viscosímetro Brookfield à temperatura ambiente. Estes testes produziram resultados contraditórios em que as viscosidades medidas dos nanofluidos não se correlacionaram bem com os valores previstos. Em geral, as viscosidades medidas empiricamente dos nanofluidos eram inferiores às previstas pela correlação. Isto faz com que as comparações entre fluidos com base no número de Reynolds sejam difíceis de manter com elevada confiança, uma vez que o valor é calculado utilizando um valor para a viscosidade que não pode ser facilmente determinado diretamente no momento da experiência. Consequentemente, as comparações são apresentadas com base no caudal volumétrico em vez de no número de Reynolds.

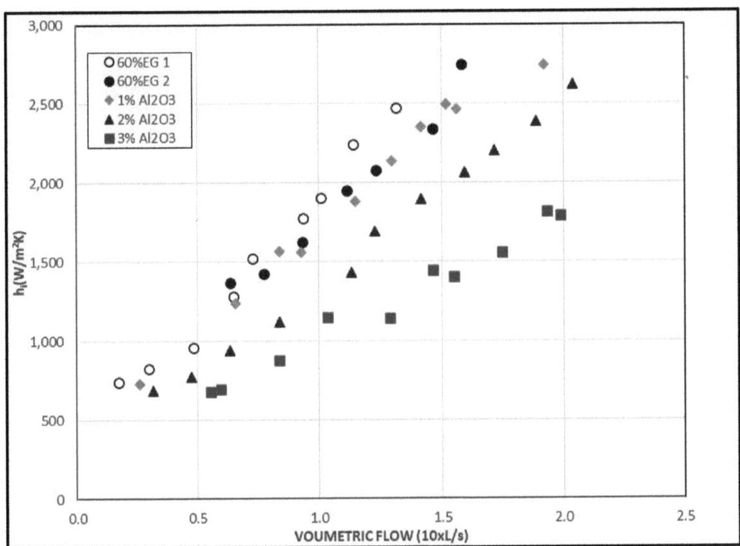

Figura 4.9. Coeficiente de transferência de calor no interior versus caudal volumétrico, todos os fluidos.

Na Figura 4.10, são apresentados graficamente os números de Nusselt para o fluido de base e os nanofluidos na gama de caudais testados. Tal como acontece com os dados do coeficiente de transferência de calor e da taxa de calor, estes dados contradizem de forma semelhante os resultados previstos pelo modelo analítico. A um caudal volumétrico de 0,125 L/s, o valor previsto para o número de Nusselt do 60% EG foi de 61,3. Com base nos testes, o EG 60% circulando a 0,125 L/s apresentou um número de Nusselt de 70. Os nanofluidos, em contraste, exibiram Nu de 51,3, 42,5 e 32,0 em condições de entrada idênticas e com concentrações de nanopartículas de 1, 2 e 3%, respetivamente. Estes valores representam reduções de 26,6%, 39,2% e 54,2% relativamente

193

ao fluido de base. No modelo analítico, o número de Nusselt para os nanofluidos Al₂ O3/60% EG excede consistentemente os do fluido de base para concentrações entre 1 e 3%, considerando as condições de entrada utilizadas neste ensaio.

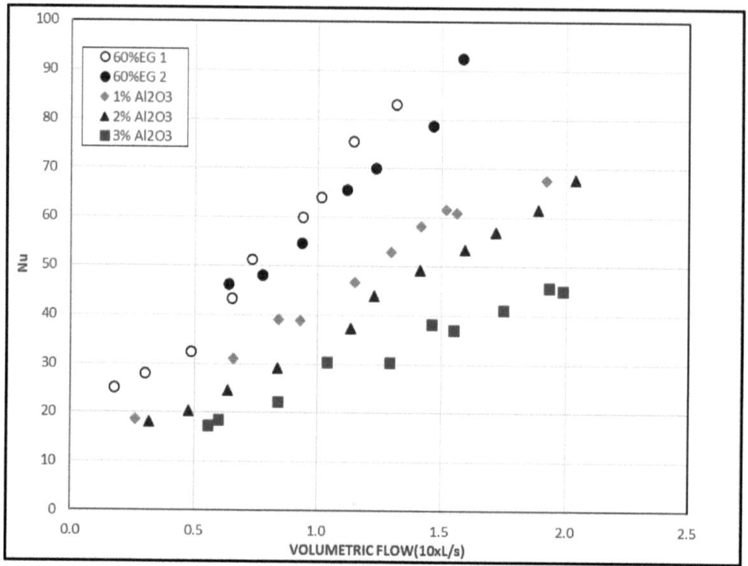

Figura 4.10Número de Nusselt interior versus caudal volumétrico, todos os fluidos.

Os dados da Figura 4.11 ilustram graficamente a relação entre a taxa de fluxo volumétrico do líquido e a taxa de calor da serpentina de ar. Estes dados mostram que os nanofluidos, na melhor das hipóteses, geram um desempenho que é aproximadamente igual ao do fluido de base a uma taxa de fluxo igual e condições de entrada idênticas. Em geral, todos os nanofluidos testados produziram taxas mais baixas de transferência de calor a taxas iguais de fluxo volumétrico de líquido do que o fluido de

194

base em toda a gama de fluxos testados. Os modelos analíticos desenvolvidos anteriormente prevêem que os nanofluidos Al O_{23} /60% EG com concentrações de 1% a 3% devem gerar taxas de calor entre 3-13% mais elevadas numa gama de caudais, considerando as condições de entrada aqui testadas. Além disso, o modelo previu que, à medida que a concentração de nanopartículas no fluido de transferência de calor aumentava, a taxa de transferência de calor através da serpentina aumentava para um determinado caudal volumétrico. Qualitativamente, nesta série de testes, à medida que a concentração de nanopartículas foi aumentada, a taxa de calor da serpentina diminuiu. A um caudal volumétrico de 0,125 L/s, a taxa de transferência de calor é igual para o nanofluido 60% EG e 1% Al O_{23} /60% EG. O rendimento térmico medido para as bobinas com nanofluidos de 2% e 3% de Al O_{23} /60%EG, em contrapartida, é 5,7% e 14,6% inferior ao do EG a 60%.

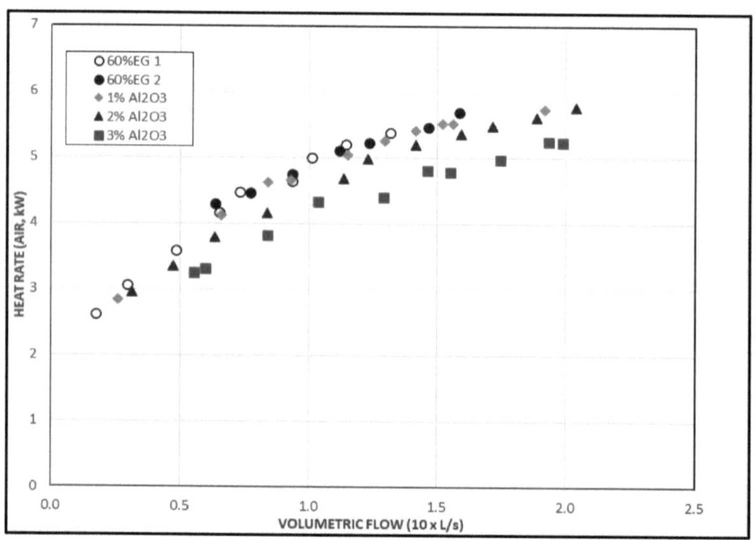

Figura 4.11Taxa de calor versus caudal volumétrico, todos os fluidos.

A Figura 4.12 ilustra a relação entre a potência de bombagem hidráulica e a taxa associada de transferência de calor do ar, enquanto as taxas de fluxo volumétrico do líquido foram variadas para todos os fluidos de transferência de calor testados. Os dados mostram que, para uma dada taxa de calor, a potência hidráulica necessária para fazer circular o nanofluido 1% Al O_{23} /60% EG é 100% superior à necessária para o 60% EG. Para os nanofluidos de 2% e 3% de Al O_{23} /60% EG, a potência de bombagem hidráulica necessária foi 129% e 371% superior à do EG a 60%, respetivamente. Estes dados de desempenho foram utilizados para determinar a exergia consumida para gerar uma determinada taxa de transferência de calor, que oferece uma medida da eficiência termodinâmica global do processo e outro meio de comparar os nanofluidos com o fluido de base.

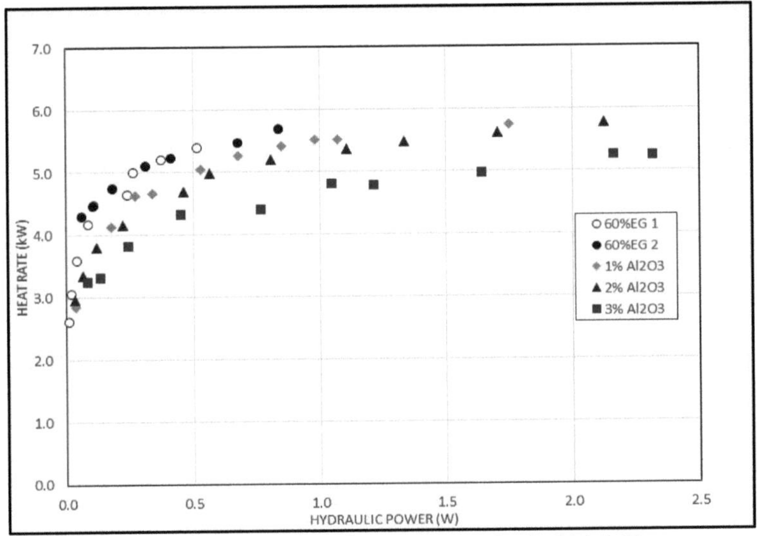

Figura 4.12. Taxa de calor versus potência hidráulica.

A perda de pressão medida através da tubagem da bobina para os nanofluidos e o fluido de base 60% EG numa gama de caudais volumétricos de líquido está representada na Figura 4.13. Como era de esperar, as perdas de pressão medidas para todos os nanofluidos foram significativamente mais elevadas do que as medidas para o 60% EG em caudais iguais, devido à maior viscosidade dos nanofluidos nestas condições. Com um caudal volumétrico de 0,125 L/s, quando circula 1% Al O_{23} /60% EG, a perda de pressão observada através da bobina excede a do 60% EG em 49%. A perda de pressão medida durante a circulação

197

de 2% e 3% de Al O$_{23}$ /60% EG excede a de 60% EG em 48% e 64%, respetivamente.

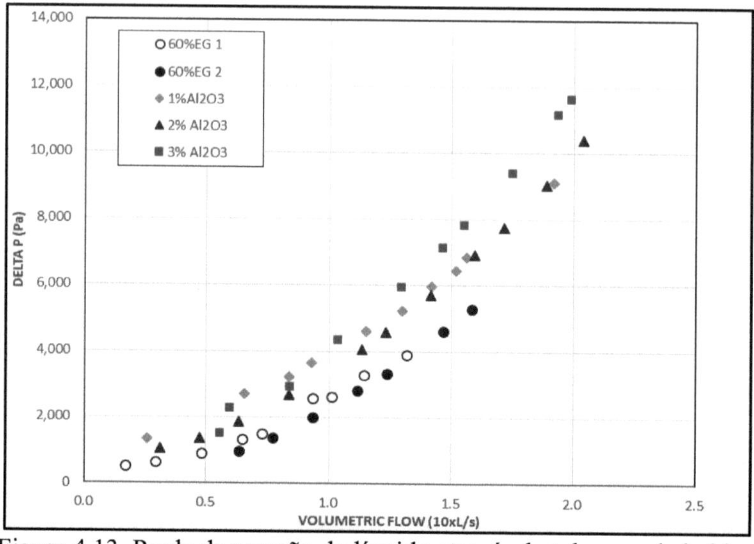

Figura 4.13. Perda de pressão de líquido através da tubagem da bobina versus caudal volumétrico, todos os fluidos.

Na Figura 4.14 é ilustrada graficamente a relação entre a mudança total de exergia para o processo de troca de calor ar-líquido numa gama de caudais volumétricos. A figura mostra que, com base no desempenho medido, a perda total de exergia é mais elevada para o 60%EG do que para os nanofluidos com o mesmo caudal. Qualitativamente, a exergia consumida é geralmente mais elevada para o 60%EG do que para os nanofluidos, mas uma vez que a taxa de calor associada aos caudais se desvia significativamente em caudais iguais, com as taxas de calor do fluido de base geralmente mais elevadas, esta comparação é de importância secundária para a comparação numa base de taxa de calor constante.

A Figura 4.15 mostra a variação de exergia para o fluido de base e os nanofluidos em função da taxa de transferência de calor medida. Quando comparados nesta base, a variação de exergia a uma taxa de transferência de calor de 4 kW é mais elevada para o EG a 60% do que para os nanofluidos. Isto indica uma maior variação de exergia necessária para atingir uma determinada taxa de transferência de calor para o EG 60% do que para o nanofluido.

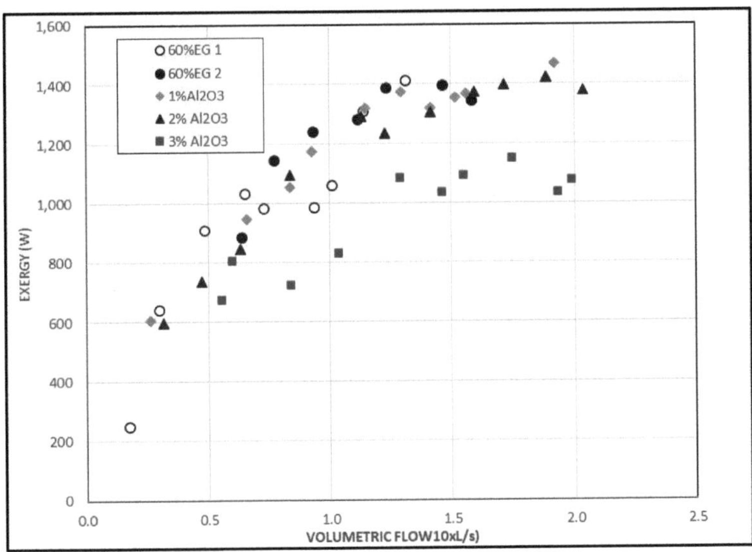

Figura 4.14 Variação da exergia total versus caudal volumétrico versus, todos os fluidos.

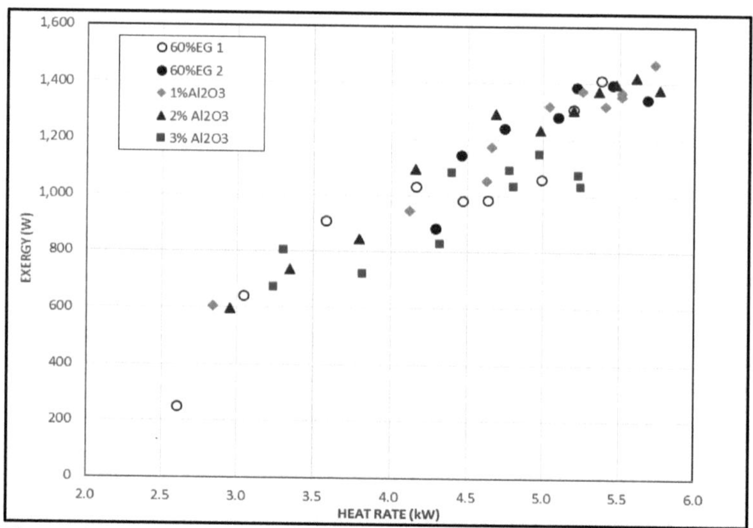

Figura 4.15Variação da exergia total versus taxa de calor medida para todos os fluidos.

Os nanofluidos testados aqui não tiveram o desempenho esperado com base em análises anteriores que se basearam em propriedades termofísicas determinadas empiricamente. A saída térmica da serpentina de aquecimento que circulava nanofluidos foi deprimida em relação à da serpentina que circulava o fluido de base, e a depressão na saída aumentou à medida que a concentração volumétrica aumentou. Em contraste, com base na análise do sistema, esperava-se que o pico de produção de calor da serpentina de aquecimento com nanofluido de 2% Al O_{23} /60%EG excedesse a produção de 60% EG em 7,3% para condições de entrada iguais e fluxo de 0,125 L/s. Como referido anteriormente, vários estudos testaram nanofluidos em aplicações de permuta de calor e demonstraram um desempenho superior ao do fluido

200

de base associado. A hipótese do autor, baseada numa análise anterior, previa de forma semelhante que os nanofluidos apresentariam um desempenho superior ao do fluido de base no aparelho de teste. No entanto, neste caso, os dados empíricos não apoiam a hipótese. Dado que os nanofluidos foram produzidos utilizando os mesmos métodos que em estudos anteriores que resultaram em nanofluidos com condutividades térmicas superiores às dos respectivos fluidos de base, o resultado foi inesperado. As explicações potenciais para a queda no desempenho são o mau funcionamento da instrumentação de teste, danos ou degradação da serpentina de aquecimento, ou propriedades deficientes do fluido. A falha do equipamento ou da instrumentação pode ser excluída por vários métodos. Estes incluem verificações físicas do equipamento e, no caso dos termístores, a comparação das leituras dos termístores de ar com as dos termístores de líquido em condições estáticas. Infelizmente, os autores não dispunham de meios de verificar a calibração do dispositivo de medição do venturi de ar. O medidor de caudal de líquido foi inspeccionado em várias ocasiões, tendo-se verificado que estava mecanicamente em boas condições de funcionamento. Com base nestas verificações no terreno, o autor determinou que é altamente improvável que o desvio do desempenho esperado do nanofluido se deva a um mau funcionamento da instrumentação ou do equipamento. A incrustação das superfícies de transferência de calor dentro do banco de tubos da serpentina de aquecimento também pode ter ocorrido, embora nenhuma evidência de incrustação grave tenha sido visível quando o sistema foi parcialmente desmontado e inspeccionado visualmente. Determinar se as propriedades do nanofluido eram semelhantes às produzidas em ensaios anteriores utilizando métodos semelhantes é igualmente difícil, no entanto, durante o ensaio do nanofluido de 3% Al O_{23} /60% EG foram efectuados dois ensaios com um intervalo de aproximadamente 24 horas. No segundo teste, o desempenho térmico do nanofluido foi significativamente pior do que o observado no dia anterior. Especificamente, a taxa de calor medida a uma determinada taxa de fluxo foi mensuravelmente menor no segundo dia em comparação com o primeiro. A degradação observável no desempenho do líquido indica uma degradação nas propriedades térmicas do líquido ao longo do tempo. Nenhum dos nanofluidos preparados para os testes alterou visivelmente o seu aspeto, o que poderia ser indicativo de que as nanopartículas se tinham depositado fora da suspensão. Outros autores observaram que o pH pode ter um impacto significativo na estabilidade da suspensão de nanopartículas e teorizaram que um pH fora de um intervalo ótimo pode alterar o potencial zeta das nanopartículas, levando a uma aglomeração acelerada das partículas. A dispersão de nanopartículas utilizada neste estudo tinha vários anos quando foi testada. Embora as dispersões tenham sido estabilizadas com tensioactivos na fábrica, estes podem ter-se decomposto com o tempo, levando a uma degradação ao longo do tempo. Estudos anteriores referiram que os nanofluidos que contêm nanopartículas maiores (ou aglomerados maiores) têm um desempenho pior do que as nanopartículas mais finas. É impossível saber, após o facto, se as nanopartículas se aglomeraram, levando assim à degradação das propriedades termofísicas do líquido. No entanto, é de notar que este teste mostra uma degradação mensurável no desempenho térmico do nanofluido nesta aplicação à medida que a concentração de nanopartículas aumenta. Além disso, o nanofluido de 3% Al O_{23} /60% EG apresentou um declínio mensurável no desempenho ao longo de 24 horas. As condições de teste criadas aqui deveriam ter criado condições bastante favoráveis para os nanofluidos com base em análises anteriores. Esperava-se que a penalidade de viscosidade dos nanofluidos em relação ao fluido de base nas temperaturas de entrada fosse mínima, enquanto a condutividade térmica superior dos nanofluidos deveria gerar um desempenho térmico superior neste teste, com a maior vantagem na taxa de calor para uma determinada taxa de fluxo de líquido e temperatura de entrada esperada para o nanofluido 3% Al O_{23} /60% EG. O facto de o desempenho térmico da serpentina de aquecimento ter sido diminuído pelo nanofluido e de a degradação ter aumentado com a concentração de nanopartículas é uma descoberta significativa. Assim, a utilização deste tipo de fluido deve ser cuidadosamente ponderada, tendo em conta a manutenção de uma química ideal que garanta a estabilidade a longo prazo da suspensão e a obtenção de um melhor desempenho dos nanofluidos.

4.4 Conclusões

Uma serpentina de aquecimento de ar hidrónico foi testada experimentalmente para caraterizar o seu desempenho com o nanofluido Al O_{23} /60% EG em concentrações que variam entre 1% e 3%, e para comparar o desempenho da transferência de calor da serpentina com o da serpentina com 60% EG. Nos testes de base, o número de Nusselt calculado empiricamente encontrado para a água correspondeu à correlação de Petukhov com R^2 =0,9, proporcionando a confiança de que os dados gerados pelo banco de ensaio estavam a funcionar de acordo com as expectativas definidas por correlações previamente bem estabelecidas. Em geral, os testes de base demonstraram que o banco de ensaio apresentava caraterísticas de desempenho que eram consistentes com as previsões de relações analíticas previamente estabelecidas.

Na experiência, os nanofluidos não tiveram, em geral, o desempenho esperado com base em análises efectuadas anteriormente. O desempenho do nanofluido a 1% foi geralmente igual ao do fluido de base, considerando condições de entrada idênticas. No entanto, o desempenho dos nanofluidos a 2% e 3% foi consideravelmente pior do que o do fluido de base. Os nanofluidos de concentração mais elevada apresentaram uma taxa de calor mais baixa, um coeficiente de transferência de calor mais

baixo e uma queda de pressão mais elevada através da bobina do que o

fluido de base. Suspeita-se que o mau desempenho dos fluidos se deve a

uma série de factores, incluindo a rápida aglomeração das partículas no

nanofluido, que conduz à degradação das propriedades, a contaminação

do fluido por resíduos de outros fluidos testados e o potencial

revestimento da superfície interna da bobina com resíduos de

nanopartículas, que constituem uma barreira à transferência de calor. Os

resultados dos ensaios sublinham a importância de uma produção de

fluido rigorosamente controlada e a necessidade de otimizar a

concentração de nanopartículas, uma vez que, nesta experiência, as

propriedades térmicas do nanofluido de concentração mais elevada

pareceram deteriorar-se a uma taxa mais elevada do que as dos

nanofluidos de concentração mais baixa. A bobina preenchida com

nanofluido gerou coeficientes de transferência de calor no interior mais

baixos do que a bobina preenchida com 60% de EG na gama de

condições de ensaio. A diferença foi até 44,3% menor para o nanofluido

do que para o fluido de base a .15 L/s de fluxo. As taxas de calor

produzidas pelo nanofluido 1% $Al\,O_{23}$ /60% EG foram iguais às do fluido

de base 60% EG em toda a gama de caudal volumétrico testado, enquanto

as taxas de calor produzidas pelos nanofluidos 2% e 3% $Al\,O_{23}$ /60% EG

foram até 14,6% inferiores às do fluido de base. A perda de pressão medida através da bobina de aquecimento foi significativamente maior para todos os nanofluidos testados do que para o 60% EG. A perda de pressão foi 49% mais elevada para o 1% Al O_{23} /60% EG do que para o 60% EG. Quando a potência de bombagem para uma dada taxa de calor é comparada, observou-se que o nanofluido 1% Al O_{23} /60% EG requer uma potência de bombagem 100% superior à do 60% EG.

Com base nestes dados, a exergia consumida para atingir uma determinada taxa de calor é qualitativamente quase equivalente para os nanofluidos e o EG a 60%. O nanofluido não oferece um desempenho termodinamicamente superior ao EG 60%.

Os resultados desta experiência mostram que é fundamental assegurar que os nanofluidos sejam produzidos em condições rigorosamente controladas que garantam a estabilidade a longo prazo. Se tal não for feito, o desempenho pode ser significativamente pior do que o do respetivo fluido de base.

Nomenclatura

A	Área total de transferência de calor (m $)^2$
B	Exergia (J/s)
c_p	Calor específico (J/kg $\square$ K)
CFM	Pés cúbicos por minuto
d_p	Diâmetro das partículas (m)
D	Diâmetro da tubagem (m)
f	Fator de atrito de Darcy
G	Velocidade da massa (kg/m^2 ·s)
GPM	Galões por minuto
g	Aceleração gravitacional (m/s $)^2$

h	Coeficiente de transferência de calor por convecção (W/m^2 ·K)
h_a	Entalpia, ar
h_v	Entalpia, vapor
j	Fator J de Colburn
k	Condutividade térmica (W/m$\square$K)
L	Comprimento (m)
LMTD	Diferença de temperatura média registada (K)
n	Número de observações
$\dot{m}$	Caudal mássico (kg/s)
Nu	Número de Nusselt (hD_i/k)
ΔP	Queda de pressão (Pa)
Pr	Número de Prandtl ($c_p\,\mu/k$)
$\dot{Q}$	Taxa de transferência de calor (W)
r	Raio exterior da tubagem (m)
Re	Número de Reynolds ($\rho VD_i/\mu$)
S	Entropia (J/K)
T	Temperatura (K)
U	Coeficiente global de transferência de calor (W/m^2 ·K)
$\dot{V}$	Caudal volumétrico (m^3/s)
$\dot{W}$	Potência de bombagem (W)

Símbolos gregos

α	Difusividade térmica ($k/\rho c$)$_p$
ε	Rugosidade do tubo (m)
κ	Constante de Boltzmann (1,3806503 × 10^{-23} m^2 kg/s^2 K)
μ	Viscosidade dinâmica (*Pa·s*)
η	Eficiência das alhetas
φ	Concentração volumétrica
ρ	Densidade (kg/m)^3
ω	Rácio de humidade

Subscritos

a	Ambiente
ar	Ar
i	No interior
em	Entrada
bf	Fluido de base
liq	Líquido
nf	Nanofluido
o	No exterior
$saída$	Saída
s	Nanopartículas

w Água

4.5 Referências

[1]   Choi, S.U.S., Z.G. Zhang, W. Yu, F.E. Lockwood, E.A. Grulke, "Anomalous Thermal Conductivity Enhancement in Nanotube Suspensions". Applied Physics Letters 79, no. 14 (2001): 2252-54.
[2]   Chon, C.H., Kihm, K.D., Lee, S.P., Choi, S.U.S., "Empirical Correlation Finding the Role of Temperature and Particle Size for Nanofluid (Al2O3) Thermal Conductivity Enhancement". Applied Physics Letters 87, no. 15, 1-3 (2005).
3]   Xuan, Y, Li, Q, "Heat Transfer Enhancement of Nanofluids" [Melhoria da transferência de calor de nanofluidos]. International Journal of Heat and Fluid Flow 21, no. 1 (2000): 58-64.
[4]   Choi, S.U.S., "Enhancing Thermal Conductivity of Fluids with Nanoparticles." Na Sociedade Americana de Engenheiros Mecânicos, Divisão de Engenharia de Fluidos (Publicação) FED, 231:99-105. ASME, 1995.
[5]   Vajjha, R., Das, D.K., Kulkarni, D., "Development of New Correlation for Convective Heat Transfer and Friction Fator in Turbulent Regime for Nanofluids," International Journal of Heat and Mass Transfer, 53, 4607-4618(2010).
[6]   Xuan, Y. Li, Q., "Investigation of Convective Heat Transfer and Flow Features of Nanofluids," Journal of Heat Transfer, 125, 151-155 (2003).
[7]   Peyghambarzadeh, S.M., Hashemabadi, S.H., Hoseini, S.M., Jamnani, M.S.. "Estudo experimental do aumento da transferência de calor utilizando nanofluidos à base de água/etilenoglicol como um novo líquido de arrefecimento para radiadores de automóveis". Comunicações Internacionais em Transferência de Calor e Massa 38(9), 1283-90(2011).
[8]   Peyghambarzadeh, S M., Hashemabadi, S.H., Naraki, M., Vermahmoudi, Y., "Estudo Experimental do Coeficiente Global de Transferência de Calor na Aplicação de Nanofluidos Diluídos no Radiador do Carro". Applied Thermal Engineering 52, 8-16 (2013).
[9]   Akash, A. R., Pattamatta, A., Das, S.K., "Estudo experimental do desempenho termo-hidráulico do nanocolante de grafite à base de água/etilenoglicol em radiadores de veículos". Jornal de Transferência de Calor Aprimorada 26, 345-363 (2019).
[10] Kulkarni, Devdatta P., Vajjha, R.S., Das, D.K., Oliva, D., "Application of Aluminum Oxide Nanofluids in Diesel Electric Generator as Jacket Water Coolant". Applied Thermal Engineering 28, 1774-1781 (2008).
[11] Pandey, S.D., Nema, V.K., "Experimental Analysis if Heat Transfer and Friction Fator of Nanofluid as a Coolant in a Corrugated

Plate Heat Exchanger," Experimental Thermal and Fluid Science, 38, 248-256(2012).

[12] Farajollahi, B., Etemad, S.Gh., Hojjat, M., "Heat Transfer of Nanofluids in a Shell and Tube Heat Exchanger," International Journal of Heat and Mass Transfer, 53 12-17 (2010).

[13] Strandberg, R., Das, D.K., "Hydronic Coil Performance Evaluation with Nanofluids and Conventional Heat Transfer Fluids." Journal of Thermal Science and Engineering Applications 1, no. 1 1-8(2009).

[14] Strandberg, Roy, Das, D.K. "Investigação experimental do desempenho de serpentinas de ar hidrónico com nanofluidos". Jornal Internacional de Transferência de Calor e Massa 124, 20-35 (2018)

[15] Ray, D.R., Das, D.K., "Superior Performance of Nanofluids in an Automotive Radiator." Journal of Thermal Science and Engineering Applications, (6)2014.

[16] Vajjha, R., Das, D.K., "Measurement of Thermal of Conductivity of Three Nanofluids and Development of New Correlations," Int. J. Heat and Mass Transfer, 52 (2009), 4675-4682.

[17] Vajjha, Ravikanth S., Das, D.K., "A Review and Analysis on Influence of Temperature and Concentration of Nanofluids on Thermophysical Properties, Heat Transfer and Pumping Power." International Journal of Heat and Mass Transfer 55, no. 15-16 (2012): 4063-78.

[18] Bejan, A., Heat Transfer, 1993, John Wiley and Sons, New York, App. D.

[19] Ray, Dustin R., Das, D.K., Vajjha, R.S. "Investigações experimentais e numéricas do desempenho de nanofluidos num permutador de calor de placas de minicanal compacto". International Journal of Heat and Mass Transfer 71 (2014): 732-46.

[20] Pak, B. C. Cho, Y.I. "Hydrodynamic and heat transfer study of dispersed fluids with submicron metallic oxide particles." Experimental Heat Transfer 11, 151-170 (1998).

[21] Vajjha, R. S. & Das, D. K. "Specific heat measurement of three nanofluids and development of new correlations." Journal of Heat Transfer 131, 1-7 (2009).

[22] White, F. M., Fluid Mechanics, 8th Ed., 2016, McGraw Hill, New York.

[23] Vajjha, R., Das, D.K., "Development of New Correlations for Convective Heat Transfer and Friction Fator in Turbulent Regime for Nanofluids," Int. J. Heat and Mass Transfer, 53 (2010), 4607-4618.

[24] Vajjha, R., Das, D.K., "Measurement of Thermal of Conductivity of Three Nanofluids and Development of New Correlations," Int. J. Heat and Mass Transfer, 52 (2009), 4675-4682.

[25]   Koo, J., e Kleinstreuer, C., 2004, "A New Thermal Conductivity Model for Nanofluids," Journal of Nanoparticle Research, (6), pp. 577-588 (2004).

[26]   Hamilton, R.L. e Crosser, O.K., 1962, "Thermal Conductivity of Heterogeneous Two -Component Systems," Industrial and Chemical Engineering (1), pp. 187-191 (1962).

[27]   ASHRAE Handbook, Fundamentals, 2005, American Society of Heating, Refrigeration and Air - Conditioning Engineers, Inc., Atlanta, GA, Ch. 21.

[28]   Churchill, S.W. 1977, "Friction Fator Equation Spans All Fluid Flow Regimes," Chemical Engineering, 84(24):91-92.

[29]   Shah, R.K., Sekulic, D.P., "Fundamentals of Heat Exchanger Design", John Wiley & Sons, Location, pp. 791-796 (2003).

[30]   F.W. Dittus, L.M.K. Boelter, "Heat Transfer in Automobile Radiators of the Tubular Type," International Communications in Heat and Mass Transfer, 12(1), 3-22 (1985).

[31]   Petukhov, B. S. "Heat Transfer and Friction in Turbulent Pipe Flow with Variable Physical Properties". Advances in Heat Transfer 6, no. C (1970): 503-64.

[32]   V. Gnielinski, "New Equations for Heat and Mass Transfer in Turbulent Pipe and Channel Flow," International Chemical Engineering, 16, 359-367(1976).

[33]   Abraham, J.P., et al., "Heat Transfer in All Pipe Flow Regimes: Laminar, Transition/Intermittent, and Turbulent," International Journal of Heat and Mass Transfer, 52, 557-563(2009).

[34]   Abraham, J.P., Sparrow, E.M. and Tong, J.C.K., "Breakdown of Laminar Flow into Transitional Intermittency and Subsequent Attainment of Fully Developed Intermittent or Turbulent Flow," Numerical Heat Transfer, Part B: Fundamentals, 54(2), 103-115(2008).

[35]   McQuiston, F.C., Parker, J.D., Spitler, J.D., Heating, Ventilating, and Air Conditioning Analysis and Design, 6th ed., John Wiley and Sons, 2005, Ch. 6.

[36]   Paniagua, I.L., Martin, J.R., Fernandez, C.G. Alvaro, A.J., Carlier, R.N., "A New Simple Method for Estimating Exergy Destruction in Heat Exchangers," Entropy, 15:, 474-489(2013).

[37]   Bejan, A., Entropy Generation Through Heat and Fluid Flow, 1994, J. Wiley and Sons, New York.

CHAPTER 5: <u>CONCLUSÕES</u>

Este capítulo contém as conclusões gerais do trabalho experimental e computacional efectuado em apoio da dissertação.

Para o trabalho experimental documentado no Capítulo 2 da dissertação, a serpentina preenchida com nanofluido gerou coeficientes de transferência de calor interno ligeiramente inferiores aos da serpentina preenchida com 60% de EG na gama de condições de teste. A diferença variou de 1 a 8% menor para o nanofluido do que para o EG 60% entre os números de Reynolds 2.000 e 4.000. Os números de Nusselt correspondentes para o nanofluido foram inferiores aos do 60% EG, devido à maior condutividade térmica do nanofluido. Os números de Nusselt para o nanofluido parecem seguir a correlação Dittus-Boelter bastante bem na gama de números de Reynolds testados ($R^2 = 0,97$). O número de Nusselt determinado experimentalmente para a bobina preenchida com 60% de EG concordou de perto com os previstos pela correlação de Petukhov ($R^2 = 0,97$). A bobina produziu uma taxa de calor marginalmente maior quando o nanofluido de 1% $Al\,O_{23}$ /60% EG foi bombeado através dela do que quando 60% EG foi bombeado através dela quando comparado com base no mesmo número de Reynolds. A Re=3.000, a potência de aquecimento do nanofluido é 3,2% superior à da bobina com 60% de EG. O fator de fricção do nanofluido determinado experimentalmente na secção de teste foi superior ao do fluido de base em condições de igual número de Reynolds. A taxa de calor medida da bobina de aquecimento testada com o nanofluido foi marginalmente superior à da bobina testada com 60% de EG, quando comparada em condições de igual número de Reynolds.

A exergia destruída no processo de troca de calor e de fluxo de fluido é geralmente mais elevada para o nanofluido do que para o EG a 60%, com a diferença a aumentar com o número de Reynolds. Na entrada Re=5.000, a exergia destruída é aproximadamente 13,9% maior para o nanofluido do que para o EG 60%.

O nanofluido de 1% $Al\ O_{23}$ /60% EG não melhora significativamente o desempenho numa serpentina de aquecimento de ar hidrónico nas condições testadas. Embora o nanofluido gere marginalmente uma taxa de calor mais elevada para um número de Reynolds igual, isto é feito à custa de uma maior potência de bombagem. Para a segunda experiência documentada no Capítulo 4 da dissertação, uma serpentina de aquecimento de ar hidrónico foi testada experimentalmente para caraterizar o seu desempenho com o nanofluido $Al\ O_{23}$ /60% EG em concentrações que variam de 1% a 3%, e para comparar o desempenho da transferência de calor da serpentina com o da serpentina com 60% EG. Em geral, os testes de base com água e 60% de EG demonstraram que o leito de teste apresentava caraterísticas de desempenho que eram consistentes com as previsões de relações analíticas previamente estabelecidas.

Para este estudo, os nanofluidos geralmente não tiveram um desempenho tão bom quanto o esperado, com base em análises realizadas anteriormente. O desempenho do nanofluido a 1% foi geralmente igual ao do fluido de base, considerando temperaturas de entrada e caudais idênticos. No entanto, o desempenho dos nanofluidos a 2% e 3% foi consideravelmente pior do que o do fluido de base. Os nanofluidos de concentração mais elevada apresentaram uma taxa de calor mais baixa, um coeficiente de transferência de calor mais baixo e uma queda de pressão mais elevada através da bobina do que o fluido de base. Suspeita-se que o mau desempenho dos fluidos se deve a uma série de factores, incluindo a rápida aglomeração das partículas no nanofluido, que conduz à degradação das propriedades, a contaminação do fluido por resíduos de outros fluidos testados e o potencial revestimento da superfície interna da bobina com resíduos de nanopartículas, que constituem uma barreira à transferência de calor. Os resultados dos ensaios sublinham a importância de uma produção de fluido rigorosamente controlada e a necessidade de otimizar a concentração de nanopartículas, uma vez que, nesta experiência, as propriedades térmicas do nanofluido de concentração mais elevada pareceram deteriorar-se a uma taxa mais elevada do que as dos nanofluidos de concentração mais baixa. A bobina preenchida com nanofluido gerou coeficientes de transferência de calor no interior mais baixos do que a bobina preenchida com 60% de EG na gama de condições de ensaio. A diferença foi até 44,3% menor para o nanofluido do que para o fluido de base a .15 L/s de fluxo. As taxas de calor produzidas pelo 1% Al O_{23} /60% EG foram iguais às do fluido de base 60% EG em toda a gama de caudal volumétrico testado, enquanto as taxas de calor produzidas pelos nanofluidos 2% e 3% Al O_{23} /60% EG foram até 14,6% inferiores às do fluido de base. A perda de pressão medida através da bobina de aquecimento foi significativamente maior para todos os nanofluidos testados do que para o 60% EG. A perda de pressão foi 49% mais elevada para o 1% Al O_{23} /60% EG do que para o 60% EG. Quando a potência de bombagem para uma dada taxa de calor é comparada, observou-se que o nanofluido 1% Al O_{23} /60% EG exigia uma potência de bombagem 100% superior à do 60% EG.

Com base nos dados destas experiências, a exergia consumida para atingir uma determinada taxa de calor é qualitativamente quase equivalente para os nanofluidos e o EG a 60%. O nanofluido não oferece um desempenho termodinamicamente superior ao EG 60%.

Os resultados destas experiências mostram que é fundamental garantir que os nanofluidos sejam produzidos em condições rigorosamente controladas que assegurem a estabilidade a longo prazo.

Se tal não for feito, pode contribuir para um desempenho significativamente pior do que o do respetivo fluido de base.

Para o estudo computacional de um permutador de calor de microcanais preenchido com vários nanofluidos incluído no Capítulo 3, as conclusões baseadas numa análise detalhada dos dados do modelo são resumidas da seguinte forma:

- Dos nanofluidos estudados, o 3% CuO/60% EG apresenta a maior melhoria no coeficiente médio de transferência de calor em comparação com o fluido de base na gama $50 \leq Re \leq 300$. O coeficiente médio de transferência de calor interno para o nanofluido 3% CuO/60% EG excede o do fluido de base em 30% a Re=300. O coeficiente médio de transferência de calor para o nanofluido 3% CuO/60% EG é 25% superior ao do 60% EG a Re=50, e 17% superior quando comparado com uma velocidade de entrada constante de 5 m/s.

- Do mesmo modo, a resistência térmica do MCHS com 3% CuO/60% EG foi 24% inferior à do fluido de base a Re=50 e 19% inferior a Re=300. Todos os nanofluidos reduziram a resistência térmica global do sistema quando comparados numa base de número de Reynolds constante.

- Considerando um número de Reynolds de entrada igual, todos os nanofluidos examinados reduziram a temperatura média na base do domínio sólido. Na melhor das hipóteses, a redução da temperatura de base prevista no modelo é de 2,4K. Nas aplicações em que os MCHS são utilizados com nanofluidos para arrefecimento de componentes, as temperaturas de funcionamento mais baixas podem contribuir para aumentar a vida útil dos componentes e a fiabilidade do sistema.

Como esperado, a melhoria do desempenho da transferência de calor de um MCHS com nanofluidos tem o custo de maiores perdas de pressão por fricção e potência de bombagem. A Re=300, o 60% EG/3% CuO gera perdas de pressão por fricção 192% superiores às do fluido de base. A potência de bombagem do nanofluido excede a do fluido de base em 366%. O aumento dos requisitos de potência e do consumo de energia associado ao bombeamento de nanofluidos mais viscosos em comparação com os respectivos fluidos de base deve ser contrabalançado com melhorias absolutas no desempenho térmico do sistema.

Os nanofluidos apresentam uma condutividade térmica superior que oferece o potencial para melhorar o desempenho de processos e equipamentos que dependem da transferência de calor por líquido. No entanto, a penalização de uma viscosidade mais elevada e as realidades práticas da manutenção de um fluido estável ao longo do tempo representam desafios para aqueles que tentam explorar o potencial. É necessária uma análise cuidadosa para garantir que os benefícios e as penalizações que os nanofluidos oferecem são devidamente equilibrados, de modo a que a utilidade do equipamento e dos processos possa efetivamente ser melhorada.

O potencial de melhorias no desempenho de equipamentos e processos a partir das aplicações de nanofluidos é significativo. No entanto, o trabalho experimental realizado aqui ilustra alguns dos desafios para tornar a comercialização viável. Estes incluem o potencial para a otimização do desempenho ser mais sensível às condições de utilização do que o que é razoável para a maioria dos operadores tolerar, e o potencial para sofrer uma perda significativa de desempenho ao longo do tempo se as condições de funcionamento ideais não forem mantidas. Estes factores podem ter um impacto negativo no custo do ciclo de vida de qualquer equipamento ou processo adaptado para utilização com nanofluidos.

Buy your books fast and straightforward online - at one of world's fastest growing online book stores! Environmentally sound due to Print-on-Demand technologies.

Buy your books online at
www.morebooks.shop

Compre os seus livros mais rápido e diretamente na internet, em uma das livrarias on-line com o maior crescimento no mundo! Produção que protege o meio ambiente através das tecnologias de impressão sob demanda.

Compre os seus livros on-line em
www.morebooks.shop

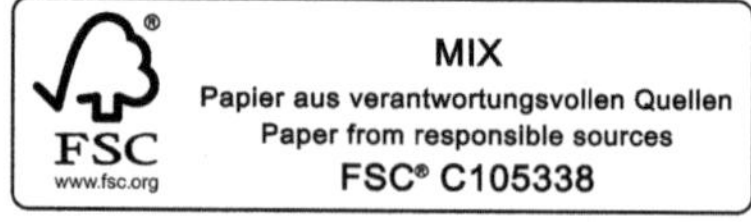

Printed by Books on Demand GmbH, Norderstedt / Germany